农业农村实用技术丛书

农业机械
使用维护关键技术问答（下册）

◎ 吕建秋　田兴国　主编

中国农业科学技术出版社

图书在版编目（CIP）数据

农业机械使用维护关键技术问答. 下册/吕建秋，田兴国主编. —北京：中国农业科学技术出版社，2020.4

ISBN 978-7-5116-4655-2

Ⅰ.①农… Ⅱ.①吕… ①田… Ⅲ.①农业机械—使用方法—问题解答 ②农业机械—机械维修—问题解答 Ⅳ.①S220.7-44

中国版本图书馆 CIP 数据核字（2020）第 047732 号

责任编辑	李　华　崔改泵
责任校对	贾海霞
出 版 者	中国农业科学技术出版社
	北京市中关村南大街12号　邮编：100081
电　　话	（010）82109708（编辑室）（010）82109702（发行部）
	（010）82109709（读者服务部）
传　　真	（010）82106650
网　　址	http://www.castp.cn
经 销 者	各地新华书店
印 刷 者	北京富泰印刷有限责任公司
开　　本	710mm×1000mm　1/16
印　　张	14
字　　数	272千字
版　　次	2020年4月第1版　2020年4月第1次印刷
定　　价	78.00元

版权所有·翻印必究

《农业机械使用维护关键技术问答（下册）》

编 委 会

主　编：吕建秋　田兴国

副主编：闫国琦　莫嘉嗣

编　委：漆海霞　夏俊杰　田　鹏　倪小辉

　　　　陈江涛　王泳欣　周邵章　谢志文

　　　　叶　李　陈　云　黄健星　曾　蓓

　　　　姚　缀

前　　言

编写本书初衷在于深入贯彻落实习近平总书记"大力推进农业机械化、智能化，给农业现代化插上科技的翅膀"重要论述和国务院《关于加快推进农业机械化和农机装备产业转型升级的指导意见》（国发〔2018〕42号）精神，服务乡村振兴战略，推动农业机械化向全程全面高质高效升级，推进我国农业农村现代化发展。

现代农业是以农业机械化为物质技术基础的农业，农业机械化是衡量现代农业发展程度的重要标志，推进农业机械化是农业现代化建设的必由之路。农业机械是科技的载体和现代农业的主要生产手段，是现代农业生产的主要装备，是实现现代农业的重要途径。开发和推广应用先进、高效、节能型农业机械，组织好农业社会化服务，提高农业机械使用与管理水平，加快农业机械化，促进社会的大分工，可推动农业、工业和第三产业的发展，大幅度提高农业生产率，同时也促进了农业新技术的发展，对乡村振兴、发展现代化农业和全面建设小康社会具有重要作用。

《农业机械使用维护关键技术问答》分成上、下两册，内容涉及水稻、蔬菜、荔枝、香蕉、柑橘、畜牧、家禽、养猪、食品加工等领域的生产加工机械，以通俗易懂的文字、生动的图片、丰富的说明，较为科学、系统地介绍了农业机械的选型、使用、维护等关键问题，并以问答的形式对主要问题和知识点进行了阐述，直接服务于广大从事农业生产的一线人员。

本书编写过程中，得到了华南农业大学工程学院各个科研团队的大力支持，在此表示衷心的感谢！本书参考的文献内容较多，在此一并向原作者表示诚挚的谢意！限于编者的水平，书中难免存在不当之处，敬请同行和读者批评指正。

编　者
2020年1月

目 录

畜牧机械使用维护关键技术问答

1. 齿爪式粉碎机如何保养维修? ………………………………………… 1
2. 齿爪式粉碎机振动厉害或声音异常如何处理? ………………………… 1
3. 单螺杆膨化机有什么特点及工作原理? ………………………………… 2
4. 电动振筛机如何使用? …………………………………………………… 3
5. 粉碎机安全作业有什么基本要求? ……………………………………… 3
6. 高压清洗机是什么工作原理? …………………………………………… 4
7. 清洗机为什么产生故障? ………………………………………………… 5
8. 关于粉碎机堵塞的处理方法有哪些? …………………………………… 6
9. 关于牛鼻环你知道多少呢? ……………………………………………… 7
10. 管道式挤奶机与移动式挤奶机有什么异同? ………………………… 8
11. 如何正确选择挤奶器? ………………………………………………… 8
12. 挤奶机如何保养? ……………………………………………………… 9
13. 收奶设备和贮奶设备有哪些? ………………………………………… 10
14. 什么是巴氏消毒? ……………………………………………………… 11
15. 挤奶机故障如何排除? ………………………………………………… 12
16. 挤奶设备的清洗程序是什么? ………………………………………… 13
17. 假冒伪劣青饲料切碎机如何识别? …………………………………… 14
18. 秸秆青贮打捆机的安全使用及注意事项有哪些? …………………… 15
19. 立式饲料混合机如何组成和工作? …………………………………… 16
20. 如何对牧草收割机使用和进行保养? ………………………………… 17
21. 奶牛TMR(全混合日粮)设备选型与维护管理技术有哪些? ……… 18
22. 牛场怎样才能更好地使用TMR(全混合日粮)饲料搅拌机? ……… 19
23. 喷雾器故障如何处理? ………………………………………………… 20
24. 皮带输送机安全操作事项有哪些? …………………………………… 20

25. 潜水泵流量调节功能和方法有哪些？ …………………… 21
26. 青贮切碎机如何使用与保养？ ……………………………… 22
27. 如何分辨饲料混合机好与坏？ ……………………………… 23
28. 使用饲料颗粒机有哪些优势？ ……………………………… 23
29. 饲料粉碎机故障排除方法有哪些？ ………………………… 24
30. 饲料粉碎机如何维护？ ……………………………………… 25
31. 饲料搅拌机保养注意事项有哪些？ ………………………… 26
32. 饲料收获机主要种类有哪些？ ……………………………… 26
33. 饲养用具的消毒方法及注意事项有哪些？ ………………… 27
34. 屠宰击晕设备如何使用？ …………………………………… 28
35. 屠宰设备如何安全操作及维护保养？ ……………………… 29
36. 屠宰设备的安全设施有哪些？ ……………………………… 29
37. 小型饲料加工机组有什么特点和工作原理？ ……………… 30
38. 音叉开关如何操作？ ………………………………………… 31
39. 玉米烘干机突发紧急情况如何解决？ ……………………… 31
40. 怎样选购粉碎机？ …………………………………………… 32
41. 铡草机如何选购及故障排除？ ……………………………… 33
42. 沼气增压稳压系统是什么？ ………………………………… 34
43. 直冷式贮奶罐的保养方法有哪些？ ………………………… 35
44. 自动喂料机吸不上料怎么办？ ……………………………… 36

家禽机械使用维护关键技术问答

45. 产蛋箱的种类及特点是什么？ ……………………………… 37
46. 蛋鸡养殖应选择什么样的LED灯？ ………………………… 38
47. 正确安装风机、湿帘的步骤是什么？ ……………………… 39
48. 风机、湿帘使用过程中常见问题的处理方法有哪些？ …… 39
49. 风机、湿帘的有效清洁方法有哪些？ ……………………… 40
50. 风机、湿帘结构上如何组成？ ……………………………… 41
51. 风机、湿帘冷风机片距离应如何把握？ …………………… 41
52. 降温湿帘常见故障的导致原因以及处理方法有哪些？ …… 42
53. 如何正确使用湿帘？ ………………………………………… 43
54. 降温湿帘安装的要点有哪些？ ……………………………… 44
55. 使用风机水帘有什么样的特点？ …………………………… 44

目 录

56. 养鸡场风机如何选择、使用和维护？ …………………………… 45
57. 什么是负压通风？负压通风鸡舍要如何设计？ …………………… 45
58. 负压风机噪声过大怎么办？ …………………………………………… 46
59. 风机如何进行安装调试？ ……………………………………………… 47
60. 孵化机使用前应做哪些准备工作？ …………………………………… 48
61. 孵化机挑选注意什么？ ………………………………………………… 49
62. 孵化机通气孔怎么设置最好？ ………………………………………… 49
63. 当孵化机遇到停电怎么办？ …………………………………………… 50
64. 鸡笼是什么？ …………………………………………………………… 51
65. 肉鸡笼设备有哪些特点？ ……………………………………………… 52
66. 肉鸡笼养鸡舍和笼具如何清洗和消毒？ ……………………………… 53
67. 鸡舍的除臭方法有哪些？ ……………………………………………… 53
68. 如何利用鸡场清粪机械？ ……………………………………………… 54
69. 鸡舍降温设备种类有哪些？ …………………………………………… 55
70. 自然通风鸡舍的特点及设计方法有哪些？ …………………………… 56
71. 鸡用乳头式水线如何组成？ …………………………………………… 57
72. 家禽屠宰设备如何分级保养？ ………………………………………… 58
73. 开放式鸡舍饲养蛋鸡光照设备如何管理？ …………………………… 59
74. 如何购买到高品质养鸡料线？选购方法有哪些？ …………………… 60
75. 如何维护养鸡机械？ …………………………………………………… 61
76. 乳头式饮水器如何安装与使用？ ……………………………………… 61
77. 怎样选购乳头式饮水器？ ……………………………………………… 62
78. 乳头式饮水器的优点有哪些？ ………………………………………… 63
79. 家禽脱毛机使用方法及注意事项有哪些？ …………………………… 64
80. 脱毛机有哪些技术要求？ ……………………………………………… 64
81. 鸡鸭脱毛机的正确维护保养方法是什么？ …………………………… 65
82. 怎样给孵化机消毒？ …………………………………………………… 65
83. 怎样解决夏季孵化机超温问题？ ……………………………………… 66
84. 鸡舍供料设备的种类及特点有哪些？ ………………………………… 67
85. 怎样解决自动喂料机堵塞问题？ ……………………………………… 67
86. 种公鸡的饲喂设备有哪些？ …………………………………………… 68
87. 种母鸡饲喂设备有哪些？ ……………………………………………… 69
88. 自动喂料机如何维修保养？ …………………………………………… 70

3

养猪机械使用维护关键技术问答

89. 什么是干料自动输送系统？ ……………………………………… 71
90. 养猪场干料输送系统的特点是什么？ …………………………… 71
91. 干料输送系统的作用是什么？ …………………………………… 72
92. 散装饲料车如何向饲料塔加料？ ………………………………… 73
93. 干料输送系统的饲料塔有哪几种类型？ ………………………… 74
94. 干料输送系统的管道运输结构有哪几种类型？ ………………… 75
95. 干料输送系统定量筒的作用是什么？ …………………………… 75
96. 养猪场液态料输送机的特点是什么？ …………………………… 76
97. 微雾加湿消毒系统是什么？ ……………………………………… 77
98. 猪场常用的自动饮水装置有哪几种？ …………………………… 78
99. 如何控制猪场自动饮水装置的水流量？ ………………………… 79
100. 如何设计猪场饮水装置的安装高度与角度？ …………………… 80
101. 如何设计养猪场饮水装置的数量？ ……………………………… 81
102. 什么是养猪场高床保育栏？ ……………………………………… 81
103. 养猪场高床保育栏如何进行合理运用？ ………………………… 82
104. 如何设置养猪场的通风设备？ …………………………………… 83
105. 轴流通风机的原理是什么？ ……………………………………… 84
106. 养猪场的轴流风机的特点是什么？ ……………………………… 85
107. 如何正确选择轴流风机？ ………………………………………… 85
108. 轴流风机如何安装与调试？ ……………………………………… 86
109. 轴流风机如何进行维护和保养？ ………………………………… 87
110. 养猪场一般如何进行降温？ ……………………………………… 88
111. 湿帘降温系统如何选用与安装？ ………………………………… 89
112. 湿帘降温系统如何进行维护？ …………………………………… 90
113. 什么是湿帘冷风机？ ……………………………………………… 91
114. 如何选购湿帘冷风机？ …………………………………………… 92
115. 湿帘冷风机如何进行安装？ ……………………………………… 93
116. 湿帘冷风机如何维护与保养？ …………………………………… 94
117. 养猪场地面如何清洗？ …………………………………………… 94
118. 养猪场粪便固液分离机的作用与特性是什么？ ………………… 95
119. 粪便固液分离机如何进行维护与保养？ ………………………… 96

120. 固液分离机使用时有哪些注意事项? …………………………………… 96
121. 养猪场漏粪地板有哪些类型? ……………………………………… 97
122. 养猪场金属围栏如何配置? ………………………………………… 98
123. 母猪产床的作用是什么? …………………………………………… 99
124. 养猪场食槽如何选用? ……………………………………………… 100
125. 养猪场自动上料机的作用是什么? ………………………………… 101
126. 智能型种猪测定系统是什么? ……………………………………… 101
127. 智能型种猪测定系统的电子耳的作用是什么? …………………… 102
128. 智能型种猪测定系统测定站的作用是什么? ……………………… 103
129. 智能型种猪测定系统里的主电脑控制系统的作用是什么? ……… 103
130. 智能型测定系统的主要优点是什么? ……………………………… 104
131. 养猪机械应该如何进行合理的选择? ……………………………… 105
132. 在养猪机械的选择中有哪些常见的认识误区? …………………… 106
133. 如何使用自动刮粪机? ……………………………………………… 107
134. 自动刮粪机如何进行维护? ………………………………………… 107
135. 猪场液态料系统的原理是什么? …………………………………… 108
136. 猪场液态料输送系统的优点是什么? ……………………………… 109
137. 如何建设高位保育床? ……………………………………………… 110
138. 高位漏缝网床如何焊接? …………………………………………… 111
139. 如何正确安装母猪产床? …………………………………………… 112
140. 如何挑选母猪产床? ………………………………………………… 112
141. 养猪场热风炉的作用是什么? ……………………………………… 113
142. 养猪场热风炉如何进行维修保养? ………………………………… 114
143. 火焰消毒器的特点是什么? ………………………………………… 115
144. 高压冲洗机如何安装与使用? ……………………………………… 115
145. 猪饲料粉碎机的安装与运转注意事项是什么? …………………… 116
146. 猪饲料粉碎机如何进行调整? ……………………………………… 117
147. 猪饲料粉碎机如何进行故障排除? ………………………………… 117
148. 如何正确选用饲料粉碎机? ………………………………………… 118
149. 粉碎机会遇到什么问题? 怎样修理? ……………………………… 119
150. 影响饲料粉碎机粉碎质量的主要部件有哪些? …………………… 120
151. 仔猪电热板是什么? ………………………………………………… 120
152. 仔猪保温板的优点有哪些? ………………………………………… 121

153. 仔猪保温板使用时需要注意什么? …………………………………… 122

食品加工机械使用维护关键技术问答

154. 用质构仪如何评价鱼肉的品质? …………………………………… 123
155. 果蔬中如何应用质构仪? …………………………………………… 124
156. 小型榨油机的特点是什么? ………………………………………… 125
157. 安装脱水蔬菜干燥机如何正确操作? ……………………………… 126
158. 巴氏灭菌机使用操作步骤是什么? ………………………………… 127
159. 板栗机如何操作及清洁与保养? …………………………………… 127
160. 变频节能真空包装机有怎样的使用效果? ………………………… 128
161. 茶叶采摘修剪机如何安全使用? …………………………………… 129
162. 超微粉碎机初次使用要注意哪些方面? …………………………… 130
163. 打包机液压系统怎么避免杂质进入? ……………………………… 131
164. 蛋仔机如何保养? …………………………………………………… 132
165. 等静压机的工作原理及特点是什么? ……………………………… 133
166. 风干机的操作使用有哪些注意事项? ……………………………… 134
167. 封口机封口不牢有哪些原因? ……………………………………… 135
168. 高速斩拌机的操作规程是什么? …………………………………… 135
169. 鼓风干燥机的操作注意事项有哪些? ……………………………… 136
170. 灌装机选型有哪些技巧? …………………………………………… 137
171. 光纤激光打标机有哪些优点? ……………………………………… 138
172. 滚揉机的操作有哪些使用规范? …………………………………… 139
173. 果酱预热器的优点是什么? ………………………………………… 140
174. 果蔬气泡清洗机工作原理和流程是什么? ………………………… 141
175. 果蔬清洗机的使用有哪些注意事项? ……………………………… 142
176. 果蔬清洗生产线加工之前需要做哪些准备工作? ………………… 142
177. 红枣烘干机使用有哪几个步骤? …………………………………… 143
178. 花生脱壳机使用有哪些注意事项? ………………………………… 144
179. 花生脱壳机如何存放? ……………………………………………… 145
180. 家用榨油机如何防"堵"? ………………………………………… 146
181. 酱腌菜巴氏杀菌机如何操作? ……………………………………… 147
182. 辣椒烘干设备产品怎样进行温度控制? …………………………… 148
183. 沥水蔬菜风干机与传统干燥除水有什么不同? …………………… 149

目　录

184. 连续滚动式真空包装机加热条怎么更换? ······················· 149
185. 粮食烘干机有什么特点? ································· 150
186. 脉动真空灭菌器如何处理常见问题? ························· 151
187. 毛刷辊蔬菜清洗机有哪些使用注意事项? ····················· 152
188. 面粉机的组成与正确选择方法是什么? ······················· 153
189. 面条机操作要点有哪些? ································· 154
190. 微波灭菌设备特点有哪些? ······························· 154
191. 磨面机在秋季如何正确维修和保养? ························· 155
192. 碾米机操作注意事项是什么? ····························· 156
193. 碾米机产品如何分类? ································· 157
194. 小型碾米机如何维护与调整? ····························· 158
195. 碾米机产品有什么选购要点? ····························· 159
196. 喷淋杀菌机安装调试的基本要求有哪些? ····················· 159
197. 气泡清洗机设备的操作有哪些注意事项? ····················· 160
198. 气泡清洗流水线操作时有哪些注意事项? ····················· 161
199. 如何巧用微波炉作为微波杀菌设备? ························· 162
200. 切菜机安全操作规程有哪些? ····························· 162
201. 全自动热收缩包装机的性能特点是什么? ····················· 163
202. 肉类风干机的原理和功能是什么? ··························· 164
203. 肉丸自动成型机器的奥秘在哪里? ··························· 164
204. 如何解除绿茶杀青的问题? ······························· 165
205. 如何解决灌装机出料不准的问题? ··························· 166
206. 如何判断蔬菜干燥机是否出现故障? ························· 167
207. 薯类干燥机的基本原理是什么? ····························· 168
208. 如何正确操作使用烘干机? ······························· 169
209. 如何正确使用绞肉机? ································· 170
210. 如何正确使用燃气烤箱? ································· 170
211. 乳品离心分离机的工作特点是什么? ························· 171
212. 乳品热交换设备的作用是什么? ····························· 172
213. 杀菌锅的安全操作规程是什么? ····························· 173
214. 杀菌锅如何进行工作? ································· 174
215. 自动真空包装机的特点是什么? ····························· 175
216. 如何解决真空包装机不能封口的问题? ······················· 175

217. 真空包装机如何保养？ …… 176
218. 真空包装机的真空泵及抽气系统常见故障有哪些？ …… 177
219. 真空包装机是否需要气源？ …… 177
220. 真空包装机调试过程中遇到的问题及解决方法有哪些？ …… 178
221. 食品真空包装机如何进行保鲜？ …… 179
222. 食用油灌装机安全操作规程是什么？ …… 180
223. 蔬菜清洗机操作注意事项是什么？ …… 181
224. 蔬菜清洗机的使用及维护调整有哪些注意事项？ …… 181
225. 蔬果榨汁机有哪些操作注意事项？ …… 182
226. 酥饼机使用保养的窍门有哪些？ …… 183
227. 脱水蔬菜干燥机如何进行调试？ …… 183
228. 万能粉碎机堵塞解决方法有哪些？ …… 184
229. 网带式脱水蔬菜干燥机怎样安装？ …… 185
230. 微波干燥杀菌机有哪些操作注意事项？ …… 186
231. 水果分选机有哪些使用注意事项？ …… 187
232. 烟熏炉有什么功能？ …… 187
233. 油料调质塔的结构及工作原理是什么？ …… 188
234. 鱼豆腐切块机使用有哪些操作细节？ …… 189
235. 玉米烘干机如何保养维护？ …… 190
236. 怎样增加切菜机使用寿命？ …… 190
237. 榨油机的工作原理是什么？ …… 191
238. 真空和面机的操作使用说明有哪些内容？ …… 192
239. 烘干机安全操作方法是什么？ …… 193
240. 真空油炸机有什么清洗步骤？ …… 194
241. 振动筛在大蒜行业中如何应用？ …… 195
242. 蒸汽锅炉检查的方法有哪些？ …… 195
243. 煮面炉的操作方法及维护保养说明有哪些？ …… 196
244. 如何选购自吸泵？ …… 197
245. 粽子蒸煮锅操作有哪些注意事项？ …… 198

参考文献 …… 200

畜牧机械使用维护关键技术问答

1. 齿爪式粉碎机如何保养维修?

（1）运用钠基润滑脂对滚动轴承进行润滑，用旋盖式油杯向轴承室加注。每班工作时需要把油杯盖旋进一圈，以加油润滑轴承。

（2）圆齿与扁齿等易损零部件，磨损后用拆卸器卸下转子并进行更换。为保持转子的平衡，需成套地更换圆齿与成圈地更换扁齿。

（3）当轴承磨损或损坏，需要更换新轴承时，可用拆卸器卸下皮带轮和转子，再拆除内、外端盖，即可取出主轴来更换。

齿爪式粉碎机

★百度图库，网址链接：https://image.baidu.com/search/detail

（编撰人：莫嘉嗣，漆海霞；审核人：闫国琦）

2. 齿爪式粉碎机振动厉害或声音异常如何处理?

齿爪式粉碎机在长时间的应用过程中会出现故障，造成振动厉害或声音异常的问题，其原因和排查方法如下。

（1）可能的原因。粉碎机转速过高；粉碎机或机座安装不牢；轴承有脏物或损坏；转子不平衡；粉碎机超负荷工作。

（2）排除方法。保证规定转速；紧固粉碎机或机座；清洗或更换轴承；平衡转子；保证正常的负荷工作。

齿爪式粉碎机

★中国农机网，网址链接：http://www.nongjx.com/st98011/product_1496354.html

（编撰人：莫嘉嗣，漆海霞；审核人：闫国琦）

3. 单螺杆膨化机有什么特点及工作原理？

膨化机膨化饲料是一种经过均质、杀菌、熟化后膨松多孔的颗粒饲料。这种饲料加工设备有干法（进料水分≤25%）和湿法（进料水分≥40%）膨化机之分，比较常见的是单螺杆膨化机，以下对单螺杆膨化机特点及工作原理进行详细介绍。

（1）单螺杆膨化机特点。①膨化饲料结构膨松，通常用在宠物饲料和水产养殖饲料等。②谷物类基础原料经过挤压、蒸煮、淀粉质原料充分糊化，有助于消化吸收。③短时高温挤压膨化，可以钝化豆类抗营养因子，并使其植物蛋白组织化，还能减少蛋白质及维生素等营养成分的破坏和损失，同时起到灭菌作用。

（2）单螺杆膨化机原理。膨化机运行时，原料被螺旋输送器送到调质器，然后进入挤压腔室，在挤压螺杆和螺套配合下，饲料受到挤压、剪切、揉搓、机筒内套间接加温等多种作用，其温度、压力不断增加，原料慢慢糊化，最后强制从模孔中挤出。由于模孔外很大的温度、压力，使得原料瞬间发生体积膨胀及水汽迅速蒸发，形成膨化饲料。

单螺杆膨化机

★百度图库，网址链接：https://image.baidu.com/search/detail

（编撰人：莫嘉嗣，漆海霞；审核人：闫国琦）

4. 电动振筛机如何使用？

电动振筛机，是陶瓷、建材、食品、医药、化工、饲料等行业理想的筛分设备，具有重量轻、体积小、效率高、能耗小、噪音低、定时控制、移动方便等特点，别名又叫摆振仪、摇摆筛或颗粒分样仪。电动振筛机使用说明如下。

（1）在安装标准分析筛时，应严格按照筛孔大小顺序叠放和加一个筛底盘。

（2）把要筛分化验的原料倒到最顶层的筛子里，盖好然后安放在电动振筛机上（振摆仪）承筛座内。

（3）振筛机反转时夹筛盘上的胶木手柄，把整个夹筛盘向下滑在套筛上，然后再顺时针旋转夹筛盘上胶木柄，其内的顶杆轴夹紧承座，把整套分样筛固紧。

（4）把电动振筛机（振摆仪）上的定时器旋钮打到筛析所需时间，打开电源开关，振摆就会开始筛转式的工作。

（5）待定时器到达预定时间，电动振筛机（振摆仪）自动停机。

（6）逆时针旋转夹筛盘上的胶木手柄将夹筛盘松开并向上提，固定在滑套上，取下分样筛。依次把需析后残留在各筛子内的原料用天平称重精确到检析比例。

（7）初次工作时无上下震动即电机倒转，只需电源线头调换一下即可。

（8）工作结束关闭电源。

电动振筛机

★百度图库，网址链接：https://image.baidu.com/search/detail

（编撰人：莫嘉嗣，漆海霞；审核人：闫国琦）

5. 粉碎机安全作业有什么基本要求？

（1）粉碎机和动力机组应安装牢固。若粉碎机长期固定运行，可把其固定在水泥基础上；若粉碎机是流动运行，机组应安装在用角铁制成的机座上，并且保证动力机和粉碎机的皮带轮槽处于同一回转平面。

（2）粉碎机安装完后要检查各部紧固件和皮带的松紧情况，若有松动及时拧紧。

（3）粉碎机起动前，先检查一下转子齿爪、锤片及转子运转是否灵活可靠，有无异常现象和噪音，旋转方向是否正确，动力机及粉碎机润滑是否良好。

（4）为了防止转速过高使粉碎室产生爆炸或转速太低影响粉碎机的工作效率，不随意换皮带轮。

（5）粉碎机起动后要先空载2~3min，无异常后再投料。

（6）运行时应随时注意粉碎机的运转。

（7）粉碎机运行时，使用者务必避开锤片旋转的切线方向，禁止戴手套和用铁器和棍棒代替手喂入，手不得超越安全线。

投料应适量均匀，防止阻塞机器，不可长期过负荷运行。若发现有振动、杂音、轴承与机体温度过高，向外喷料等异常状况，应马上停机检查，排除故障后方可继续运行。

粉碎机

★百度图库，网址链接：https://image.baidu.com/search/detail

（编撰人：莫嘉嗣，漆海霞；审核人：闫国琦）

6.高压清洗机是什么工作原理？

高压清洗机也叫高压水清洗机、高压水流清洗机、高压水射流设备、高压水枪等，是由增压泵和动力驱动单元两大部分组成，通常以水作为清洗介质，驱动泵通过对水完成一个吸、排过程，将普通的水转化为高压低流速的水，通过高压管路，使其以一定的能量到达高压喷嘴。同时高压喷嘴的孔径要比高压管路的直径小得多，因此水到达高压喷嘴将加速喷射。这样，喷嘴就可以把高压低流速的水转变为低压高流速的射流。

有3种方法控制水流量的大小：通过增加或减少泵头的内径，通过增加或减慢柱塞的往复速度还有通过加长或缩短柱塞的行程。目前通常是高压清洗机使用一套阀和泵头形成一个整体，水通过柱塞拉动到进水阀，并加压使之通过出水阀。阀门通过防止回流来控制水通过泵。阀门由弹簧和支架组成，并且由于阀门两侧不同的压力差来实现压力操作。当作用在阀门上的压力小于弹簧的能力时，水会自动将支架挤在阀座上，保持阀门关闭并防止回流。反之，阀门就会打开。

高压水射流是能量转变与应用最简单的一种方法。喷出的高压水射流切向或正向冲击被清洗物体的表面上就称为射流工作。当高压水射流的冲击力大于污垢与物体表面的附着力时，就会将污垢冲走，达到清洗物体表面目的的一种清洗设备。高压清洗机因为是使用高压水柱清理污垢，因此高压清洗机也是世界公认的其中一种最科学、经济、环保的清洁方式。

高压清洗机

★驰江铝业，网址链接：http://www.hbzhan.com/st4253/product_6351html

（编撰人：莫嘉嗣，漆海霞；审核人：闫国琦）

7. 清洗机为什么产生故障？

（1）清洗机的心脏是高压泵，高压泵是非常重要的。其中活塞泵最常见，因为它们有更长的寿命并且更有效率，活塞通常由陶瓷制作非常不易磨损，活塞泵通常被描述为一根活塞往复运动。通过一个固定的密封件；对于柱塞泵的密封件安装在柱塞上，通过一个光滑的缸壁，柱塞泵通常有更佳的首次使用特性，但是不能运行过高的压力。

（2）泵的速度决定泵的容量，泵必须使同量的水进入并出来，不同于离心泵那样可以增减流量。活塞泵有一个标准的水流量参数，无论以多高的压力喷射出去流量不变，喷嘴出水口的堵塞会造成高压泵受压过大。因此系统内都安装有卸压阀之类的装置。

（3）当活塞向后运动，水通过进水阀被吸入密封腔，当活塞向前运动，迫使水通过出水阀流向泵的出口。活塞泵基本上都双联或三联的。双活塞泵对系统组件和使用者的要求更严格。三联泵由于能产生稳定性更好的水流而成为高压清洗机中最通用的泵。高速泵可以产生更少的压力损失，对起动扭矩的要求更小。但是，它能造成更快的磨损和更少的吸入量，有时噪声较大且可能损坏。

（4）高压清洗机90%的故障通常不是因为泵，而是由于构件或部件的磨损（如喷嘴密封件等）造成的。泵内进水量不足是造成泵早期故障的首要原因，进水管不合适不能使足够的水进入泵造成空化现象。空化使得混合于水中的气体发生小的爆炸产生超压损坏，活塞表面造成严重磨损。

清洗机

★百度图库，网址链接：https://image.baidu.com/search/detail

（编撰人：莫嘉嗣，漆海霞；审核人：闫国琦）

8. 关于粉碎机堵塞的处理方法有哪些？

粉碎机堵塞是粉碎机使用中常见的一种故障，基本上是由于机器设计上存在的问题和使用操作不当造成的。

（1）进料速度过快，负荷增大，造成堵塞。在进料过程中，要随时注意电流表指针偏转角度大，如果超过额定电流，表明电机过载，若长期过载，会烧坏电机。出现这种情况要及时减小或关闭料门，或者通过增加喂料器来控制进料量。喂料器有手动、自动两种，用户应根据实际情况选择合适的喂料器。由于粉碎机转速高、负荷大，并且负荷的波动性较强，因此，粉碎机运行时的电流一般控制在额定电流的85%左右。

（2）出料管道不畅或堵塞进料过快，会使粉碎机风口堵塞；与输送设备匹配不当会造成出料管道风减弱或无风后堵死。查出故障后，应先清通送口，更换不搭配的输送设备，调整进料量，使设备正常运行。

（3）锤片断、老化，筛网孔封闭、破烂，粉碎的原料含水量太高都会使粉碎机堵塞。应定期更新折断和严重老化的锤片，保持粉碎机良好的工作状态，并定期检查筛网，粉碎的物料含水率应低于14%，这样既可提高生产效率，又使粉碎机不堵塞，增强粉碎机运行的可靠性。

粉碎机

★ 机电之家，网址链接：http://www.jdzj.com/jdzjnews/6-15090972.html

（编撰人：莫嘉嗣，漆海霞；审核人：闫国琦）

9. 关于牛鼻环你知道多少呢？

牛鼻环又叫牛鼻圈，是养牛要用的设备，在其他家畜身上不太适用，给牛穿鼻环主要是为了方便抓捕，因为牛的力气比较大，抓捕难度比其他家畜高，穿过鼻环的比较容易抓捕。最早出现于春秋战国后期，是古代劳动人民为了防止牛拉犁累时，发脾气误伤人而设计出来的一种拴牵牛器件。

（1）分类。

按照型号分：小号牛鼻环、中号牛鼻环、大号牛鼻环。

按照材质分：不锈钢牛鼻环、碳钢牛鼻环、锰钢牛鼻环。

（2）尺寸。

小号牛鼻环：内径为6cm，外径8cm。

中号牛鼻环：内径7cm，外径9cm。

大牛鼻环：内径8cm，外径10cm。

其中，不锈钢材料的鼻环不易生锈，不会引起感染，是比较好用的鼻环。而铁或铜材料制成，该类型的鼻环质地较粗糙，虽然不如不锈钢材质，但是比人们自制的鼻环，质量更好，实用性高。

牛鼻环

★ 百度图库，网址链接：https://image.baidu.com/search/detail

（编撰人：莫嘉嗣，漆海霞；审核人：闫国琦）

10. 管道式挤奶机与移动式挤奶机有什么异同？

（1）移动式挤奶机。在养牛场及小型养牛户多采用移动式挤奶机，这种挤奶机是根据国家标准技术要求设计的，具有操作简单、性能可靠、低噪声、使用寿命长等特征。挤奶机在水平状态下运行，出厂时一般已调好，它可以直接放置奶牛旁进行挤奶，也可作真空气源连接为管道式挤奶。

挤奶机主要由支撑架、奶桶、奶杯组、真空表、活塞泵、传动装置、调节阀、集乳器、管路、电机、工作灯等部件组成。结构设计得紧凑合理，运行起来牢固平稳。奶桶采用不锈钢制成，装有橡皮密封圈，运行时形成密封的容器。挤奶杯组装有集乳器，该部件是保护乳房的一项重要措施。

移动式挤奶机设计合理、造型美观、操作安全轻便。适用于个体养牛户挤奶，也适用于大中型牛场产房以及隔离牛和特户牛的挤奶。

（2）管道式挤奶机。管道式挤奶机可用在存栏数在100头左右的个人养殖场。奶牛场可最有效地监控奶牛并区别对待每一头牛。在不需要大地改动原有的牛舍的前提下，就可实现机械化挤奶，同时便于扩大规模或更新原有的挤奶系统。

管道式挤奶机，对牛舍的利用率很高，使用拔插式挤奶杯组，接入"真空管—输奶管"连接插座即可挤奶。牛奶从乳头出来，直接进入输奶管，在全封闭系统中收集。与此同时可防止牛舍环境对牛奶的污染，保证鲜奶质量。

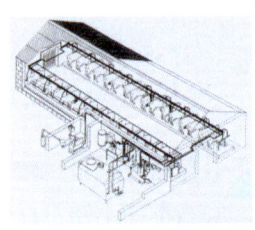   

管道式挤奶机　　　　　　　移动式挤奶机

★百度图库，网址链接：https://image.baidu.com/search/detail

（编撰人：莫嘉嗣，漆海霞；审核人：闫国琦）

11. 如何正确选择挤奶器？

挤奶机械的使用效果如何，挤奶器起到了决定性的作用，选择得合适，效果则好，反之则差。怎样选择挤奶器以及以何种方式挤奶，十分重要。

（1）适合牛群规模的需要。挤奶器配备哪一种，采用哪种形式，必须要根据牛群的规模来确定。市场目前常见的机械挤奶有桶式、车式、管道式、坑道式、转环式等。牛群定型之后，每天实际泌乳牛的头数将决定选择哪种形式，如果10~30头乳牛，或小中型牛场的产房就选用提桶小推车式挤奶器；30~200头用管道式，草原地区亦可用车式管道挤奶器；200~500头最好用坑道式挤奶厅，还可以使用鱼骨、平行、棱型；500头以上，或用两套坑道，或平行64床位的坑道式，条件允许可使用转环式（转盘）。由于机械挤奶的一次性投资较大，生产者应该要认真对待。

（2）厂家、品牌、型号的选择。目前市场流通的挤奶器有来自瑞典、荷兰、美国、俄罗斯、日本、加拿大、德国及国产的各种类型，各有优缺点，选用时必须注意维修的条件和易损件供应渠道，如果当地缺少维修条件，易损零件难买或价格昂贵，挤奶器一旦出故障，正常生产必然会受到影响。因买不到或买不起零件而被迫停机的例子不少，应该吸取教训。

（3）配套设备。挤奶器仅是解决挤奶的一个重要环节，用户须考虑配齐一些必要的设施，才能够取得理想效果。诸如，制冷系统、冷热水供应、洗涤消毒液、乳头消毒设备、牛号显示、自动脱杯、产奶量显示及记录等。其中值得强调的是计量问题，有条件最好能配备计量装置，计量不仅有利于生产统计、经营管理，且与育种技术、工资、劳动报酬分配有密切联系。

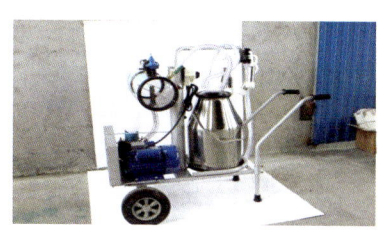

挤奶机

★ 百度图库，网址链接：https://image.baidu.com/search/detail

（编撰人：莫嘉嗣，漆海霞；审核人：闫国琦）

12. 挤奶机如何保养？

挤奶的装置需要坚实的维护。对于挤奶机的各部分，必须定期进行系统检测，保证挤奶机一直处于良好状态。以下是几种保养方法。

（1）清理部件。每次挤奶完毕，牛奶经过的所有部件都要进行清洗。清洗的方法是：清水冲洗，然后放入热洗涤剂（温度70℃，含1%的碱）内，用毛刷进行洗涤，最后用80℃的热水清洗干净，晾干备用。

清洗、检查橡皮套。奶杯内的橡皮套应拆出清洗，但要防止因水温过高而变形，同时，要检查橡皮套是否完好，发现有漏气现象立即进行更换。

（2）检查集乳器。在组装的时候，要检查橡皮垫是否结实，要检查四壁上的小孔是否能与空气畅通。使用玻璃试管的容器，防止容器上的玻璃试管和入孔的开关被腐蚀，在清洗的过程中轻轻放置，以免损伤。

（3）检修脉动器。脉动器和真空管每周洗一次，检查脉动器的橡皮薄膜是否完好，检查一下器壁上的小孔是否能顺畅地流动。装配好后，按照40～70次/min脉搏的频率调节好。脉动器加油按照供应商的要求进行。

（4）及时更换输奶管。一方面输奶管因其弹性导致挤奶困难，另一方面在其表面的任何微小裂隙都会残留奶垢，为细菌的繁殖提供条件，所以必须要及时更换输奶管。

（5）每周检查奶泵止回阀一次。如止回阀膜片断裂，空气就会进入奶泵，但应有一个奶泵止回阀备用。

（6）每月检查清洁传感器、真空调节器和真空泵皮带一次。用肥皂水清洗传感器过滤网，用湿布擦净真空调节器的阀、座等，晾干后再装上；用拇指按压皮带应有1.25cm的张度，皮带磨损或损坏应当及时更换，更换或调节皮带后，应检查两个轮是否对称。

挤奶机

★搜了网，网址链接：http://www.51sole.com/socommercekey32800949/

（编撰人：莫嘉嗣，漆海霞；审核人：闫国琦）

13. 收奶设备和贮奶设备有哪些？

收奶是乳品生产流程中的最初工段，同时也是保证质量的关键工段。本工段包括原乳质量验收、收奶称量和冷却贮存。

（1）计量装置。收奶时检验和分析每一批鲜奶样品的品质；计量和记录发送过来的鲜乳量。奶槽车中所载奶量可采用地磅过秤；还可对罐量计采用称重计量；还可采用体积法及安装于管道上的流量计来计量。鲜乳由收纳用奶筒运送过来，一般采用磅秤计量，并配以磅奶槽。奶筒中的鲜乳通过倒奶装置或采用人工倒入磅奶槽中，在磅秤上记取秤量满一槽后的量，开启快开阀门，受奶槽中放入鲜乳。受奶槽的出口处接有离心式奶泵，可将鲜乳泵送到净乳机和冷却器进行净乳和冷却，经净乳和冷却贮存于贮奶缸中备用。

（2）贮奶设备。贮存鲜乳的容器称为贮奶缸，为圆柱体外形，分为立式和卧式，为了减少外界热量的传入，缸外包有绝热层。有些贮奶缸带有冷却夹夹套，可使贮存的鲜乳保持适合的低温。一般有搅拌器、视孔、人孔、灯孔、牛乳进出口和工作扶梯与贮奶缸配套，还配有就地清洗装置的贮奶缸。凡与牛乳接触的器壁和附件均采用不锈钢材料制造，也有采用铝材或耐酸搪瓷等材料制造。

（3）立式贮奶缸。立式贮奶缸有ZHNG型立式贮奶缸和RP9G8、RP9G9型立式贮奶缸几种类型。

（4）户外式大型贮奶缸。户外式贮奶缸容量为20t、30t、40t、50t、60t、80t、100t大多为立式，均外加保温层，内装自动清洗装置。

收贮奶设备

★百度图库，网址链接：https://image.baidu.com/search/detail

（编撰人：莫嘉嗣，漆海霞；审核人：闫国琦）

14. 什么是巴氏消毒？

在所有的消毒牛奶类的产品中，巴氏消毒纯鲜奶较好地保存了牛奶的营养与天然风味，巴氏消毒鲜奶也独树一帜成为最好的牛奶产品。

当今使用的巴氏杀菌程序很多，常见的有以下两种。

（1）"低温长时间"（LTLT）处理是一个间断进行的过程，适用于一些生产奶酪制品的小型工厂如小型乳品厂。

（2）"高温短时间"（HTST）处理是一个"流动"过程，通常用板式热交换器对鲜奶进行杀菌处理，普遍用于饮用牛奶的生产。通过该方式获得的乳制品不是无菌的，即仍含有部分细菌，而且储蓄和处理的过程需要在低温的环境中完成。酸奶乳制品主要还是用"快速巴氏杀菌"法进行生产。

目前国际上通用的巴氏高温消毒法主要有以下两种。

（1）将牛奶加热到62～65℃。采用这一方法，牛奶中的各种生长型致病菌会在30min内被杀死，97.3%～99.9%的细菌可以被消灭，剩下的0.1%～2.7%的主要是部分嗜热菌及耐热性菌以及芽孢等乳酸菌，乳酸菌对人体肠道及人体健康有益，属于有益菌。

（2）将牛奶加热到75～90℃，杀菌时间更短，持续15～16s，工作效率更高。但温度过高可能会使部分嗜热菌及耐热性菌等对人体肠道有益的细菌，在造成营养流失的同时杀死了有益菌，不利于营养的吸收。灭菌的最佳效果是能将病原菌杀死的同时尽可能的留下有益菌。

现在市场上售卖的袋装牛奶都是用巴氏灭菌法进行灭菌处理生产的。工厂采来鲜牛奶，先进行低温处理，然后用巴氏消毒法进行灭菌。用这种方法生产的袋装牛奶通常有更高的营养价值和更长的保质期。

巴氏杀菌机

★百度图库，网址链接：https://image.baidu.com/search/detail

（编撰人：莫嘉嗣，漆海霞；审核人：闫国琦）

15. 挤奶机故障如何排除？

城市要求生奶卫生的农村奶牛场正在扩大小型挤奶机的使用。现在小型挤奶机一般发生的故障，可作以下介绍。

（1）真空度达不到要求。原因可能是真空罐密封件漏气，检查方法是用有颜色的水涂在密封件上，观察有无颜色渗透罐内。若有，表明密封件需要更换；

若无，则可能是稳压器松动，可打开稳压器上盖，边观察真空表的读数边转动稳压器的铜套，直到该指针进入到常规范围内为止，最后将螺帽拧紧。

（2）由于奶桶内没有处于真空状态，不能挤奶。发生这种现象的原因是，奶桶的盖子没有变干净，此时，对奶桶和各零件进行洗涤。

（3）脉动器没有处于正常工作状态。可能有4个原因导致脉动器没有正常工作：一是没有安装真空管开关，而无法打开；二是脉动频率调整螺钉拧到了底；三是脉动器盖与脉动器没有完全契合；四是脉动器的通气孔被杂物堵塞。

挤奶机

★百度图库，网址链接：https://image.baidu.com/search/detail

（编撰人：莫嘉嗣，漆海霞；审核人：闫国琦）

16. 挤奶设备的清洗程序是什么？

在现有的两种挤奶系统中，管道挤奶法相对于桶式挤奶法在现代化奶牛场里被运用得更多。桶式挤奶系统通常将奶直接收集到悬挂式或者地面放置式的桶中。而管道式挤奶系统通常采用刚性耐热玻璃或不锈钢无毒管材，真空气压被输送到挤奶杯组后可以使牛奶流至集乳器中。管道式挤奶机既可在挤奶厅被用于挤奶，也可在栓系式或栓养式牛舍使用。所以，如何安全正确的清洁挤奶设备也是奶牛场日常生产中至关重要的一环。安全且正确的清洁挤奶设备是确保奶质量的第一环，同时可以避免动物发生一些疾病的交叉感染。

通常来说清洗步骤如下（可能会因奶牛场所用的设备品牌和型号而有所不同）。

（1）预冲洗设备使用后立即用35~40℃的温水冲洗直至水澄清。

（2）清洗水不能循环使用。

（3）循环清洗5~10min，保持水温80~85℃，循环清洗后排放时水温要高于或等于40℃。

（4）清洗剂用量由供应商售后服务部门的工程师根据当地水质确定。

（5）用安全泵提取一定量的清洗剂，必须保证安全泵不混用。

（6）为保证清洗效果及避免意外事故，请勿直接用桶向槽内加清洗剂。

（7）手工清洗时，要根据设备及管路的不同，选择合适的清洗工具。切勿使用钢丝刷或粗糙的清洗垫，因为这样会破坏设备表面。

（8）最后用干净冷水冲洗，用时约5min。

（9）排污。冲洗完毕之后，通过设备最低点（如打开泵底排污阀）将系统彻底排干。

（编撰人：莫嘉嗣，漆海霞；审核人：闫国琦）

17. 假冒伪劣青饲料切碎机如何识别？

假冒伪劣青饲料切碎机的特征大致有以下5种。

（1）"三无"产品。无厂名、无厂址、无产品合格证的青饲料切碎机都为假冒伪劣产品。由于青饲料切碎机很多都由个体小型企业生产，有些生产厂家甚至是夫妻店、母子店、父子店等不正规的小作坊，没有在相关的工商部门登记注册，同时基本上都是根据农时季节不定期地进行生产。因此，在其生产的青饲料切碎机上看不到任何商标、厂名、厂址等基本信息。

（2）安全不符合要求。①不合理的青饲料切碎机设计存在安全隐患并且可能危害人身健康。例如青饲料切碎机的饲料投放入口至切刀的安全距离低于《农林拖拉机和机械　安全技术要求　第1部分：总则》（GB 10395.1—2001）规定。②暴露于外部的旋转件（如皮带轮）没有安全防护罩或防护不到位。一些生产企业为了降低生产成本，不遵守《铡草机安全技术要求》（GB 7681—1997）的规定加装安全保护装置，使用者操作这样的机器，有很大的概率会触及高速旋转的运动件，造成人身伤害等安全事故。③没有在可能造成人身伤害的不安全部位，依照《铡草机安全技术要求》（GB 7681—1997）的规定设置安全警示标识。

（3）虚假宣传。说明书所标明生产能力、配套动力、作业性能、使用范围、使用寿命等指标与实际不一致。

（4）材质不符合要求。使用被弃用的废旧油桶和油漆桶等材料代替应被使用的安全的设计材料。这些不安全的废弃材料在重新塑形的过程中往往造成应力集中，出现局部裂开甚至大面积的破损。

（5）偷工减料。①降低材料的规格。②剔除零部件的后期加工工序。③不进行涂漆工序。

青饲料切碎机

★百度图库，网址链接：https://image.baidu.com/search/detail

（编撰人：莫嘉嗣，漆海霞；审核人：闫国琦）

18. 秸秆青贮打捆机的安全使用及注意事项有哪些？

（1）在了解本机操作使用方法及注意事项前，请勿使用机器。请先认真仔细阅读使用说明书，再使用本机器。

（2）使用者须对机器上面的所有标示牌了解清楚，尤其是标有警示、加油及其他注意事项等符号的表示，依照规范使用机器。

（3）开动机器前应先检查各部位是否牢固可靠，再加足润滑油开动机器。

（4）开动机器前还应先手动盘车3~5周，确认机器没有特殊状况，方能启动开车。

（5）开动机器前，还要检查方向的控制是否符合要求，应先扳动离合器手柄同时检查旋转方向。严禁反转开车。

（6）每次工作前，还需要先空车转动2~3min，确认机器转动平稳，无其他异状方能负荷试车。

（7）负荷试车3~5捆后，仍需要停车检查各转动部位及固定部位是否有其他不正常情况；如无不正常情况可投入生产使用。

（8）本机器如果使用电机作动力，应在机器标示接地处安装接地线。

（9）严禁酒后操作机器。

（10）机器正常生产2 000捆后应进行保养。再次开车使用，仍按（3）~（7）条规定操作使用。保养、检查内容：①检查链条、链轮啮合情况，对磨损较严重者予以更换。②检查各轴的轴向及径向游隙，调整或予以更换。③各油路是否畅通。④拆除各防护盖，清除阻塞物。⑤各转动部位加注润滑油，其余部位涂油防锈。

（11）机器运转时不允许用手触摸甚至接近各转动部位。

（12）在运输中，应将车轮及固定支承锁紧牢固；并将捡拾机构抬高，使其离开底托板合适的距离。

（13）操作时如果出现过载堵转现象时，应立即扳动离合手板，使离合器处于分离状态，然后松开起动机器。如果两次机器起动失败应马上开仓出捆。否则严重损坏机器零件及电机。

（14）每工作半小时，应清除一次秸秆青贮打捆机送料辊下方的废弃碎料，以减少由此而带来的阻力。同时也减小了下部铝辊的摩擦损耗。

秸秆青贮打捆机

★百度图库，网址链接：https://image.baidu.com/search/detail

（编撰人：莫嘉嗣，漆海霞；审核人：闫国琦）

19. 立式饲料混合机如何组成和工作？

饲料中的营养成分如果分配不匀，很容易导致中毒的事故，而饲料配置过程中所用的种类繁多，而且数量颇大，若靠人力进行混合，很容易混合不匀，所以饲料配制时要用到饲料混合机，比较常见的有卧式饲料混合机和立式饲料混合机两种，下面主要介绍立式饲料混合机组成及工作原理。

（1）立式饲料混合机组成。该设备由进料斗，垂直混合螺旋、出料口、料筒及传动部分等几部分组成。

（2）立式饲料混合机工作原理。运行时把饲料倒入进料斗，饲料将会通过垂直混料螺旋向上输送，在到达顶部后由刮板把其抛开到四周，混合好的饲料将会沿料筒表面滑落，料筒中的饲料再次被混料螺旋提升上来，如此来回直到饲料被混合均匀为止，最后打开卸料口即可卸料。

该设备的特点自然残留多，混合效率低，但价格低，配套功率小，占地少是它突出的优点，所以多用于小型饲料加工机组。

立式饲料混合机

★百度图库，网址链接：https://image.baidu.com/search/detail

（编撰人：莫嘉嗣，漆海霞；审核人：闫国琦）

20. 如何对牧草收割机使用和进行保养？

目前我国农业虽然还是以种植业为主，但是畜牧业的规模也逐渐扩大，畜牧业的发展也颇有劲头，因此在这种大环境下，农业的机械化发展也成为了趋势，牧草收割机成为了最为热门的畜牧机械之一。

由于农业机械的进步在平原地区特别明显，所以在牧场发展农业机械化是首要选择，牧草割草机，顾名思义，就是能够收割草料，而不用人工再弯腰驼背，不用再拿上镰刀等工具，繁杂劳累地收割牧草。从而释放了劳动力，减低了工作强度。除此之外，牧草收割机还可以收割玉米、小麦、水稻、豆类等作物，功能多样实用。

配套工具有把手、防草板、工具包、三齿刀片、打草头、草绳、优质内六角、优质套筒、油泡、火花塞、眼镜、手套、漏斗等。

（1）牧草收割机使用说明。

①风门开关，启动时要向上开起来，启动后再关掉。

②启动前先检查是否有油。若无，按化油器下透明气泡吸油。

③火花塞要注意清理里面的积碳，注意保持清洁。

注意：若为四冲程的汽油机，就只需要纯汽油即可。四冲程加入量不要超过横线，加多会引起故障，正常使用时累计工作30h左右更换一次机油，而且每次使用前后要检查机油油位。

（2）保养常识。

①汽油机不允许超速并应在低速状态下停机。

②要用型号正确、正厂生产、清洁的机油，汽油要清洁、新鲜。

③非专业人员不得调整化油器。

④空气滤清器滤芯要经常检查更换。脏滤芯用皂水清洗阴干后使用。

⑤汽油机运转100~300h后,应清除积碳。清除时卸下缸头,清除汽缸、活塞、缸头、气门等附着积碳。积碳不得进入气门座与缸孔。

⑥保持汽油机清洁,尤其是缸体散热片。

⑦加油、检查、维修、保养时,要拔下火花塞帽并远离明火。

⑧勿在室内操作。运作时除操作者外,无关人员离机器15m以上。

⑨机器每次使用前后检查工作部分及其他部位螺栓的松紧。

牧草收割机

★百度图库,网址链接:https://image.baidu.com/search/detail

(编撰人:莫嘉嗣,漆海霞;审核人:闫国琦)

21. 奶牛TMR(全混合日粮)设备选型与维护管理技术有哪些?

TMR饲料制备机的分类,根据外观样式分为卧式、立式。根据动力形式分为固定式、牵引式、自走式。

农场选择TMR饲料制备机需要根据搅拌动力、容积大小、牛场规划、牛舍结构和道路情况、牛场物料、劳动力及辅助设备配套情况、出料方式、机械自动化程度、上料方式等生产情况确定。综合选择时,需考虑产物质量、产物功能、技术成熟度、产物价格、市场占有率、配件供应、售后服务、用户使用等。

TMR饲料的影响因素有原料质量、配方质量、设备质量、操作水平等。TMR饲料制备机的使用操作要注意以下几点:设备使用前的检查、添料顺序、物料搅拌、投料、取料、卸料、称重、测定分析等。通过合理使用饲料制备机可以减少TMR饲料制备机磨损,提高设备利用率,发挥设备效应。

集装载、运输、切割、搅拌、称重及卸料功能为一体的机器是自走式的机器,此种机器可以代替人工、拖拉机、装卸机、取料机、皮带输送机及固定式牵引式饲料制备机。在核算TMR饲料加工成本时应该包括机器价格、机器效率、机器损耗、能耗成本、人工成本、饲料加工量等。自走式机型生产效率高,可以减少管理成本，实现精准取料，节省工作时间，节省饲料加工成本，可靠性高，拥有市场上最佳最新的技术。

（编撰人：莫嘉嗣，漆海霞；审核人：闫国琦）

22. 牛场怎样才能更好地使用TMR（全混合日粮）饲料搅拌机？

（1）选择用合适的混合搅拌车。目前TMR搅拌车应用越来越普及，在选择时应根据所用口粮的类型、所在牛场的饲养规模、所处牛场的建筑结构选择适合的TMR饲料搅拌车。TMR搅拌车分为牵引式、固定式、自走式、卧式和立式搅拌车等。其中立式搅拌车有混合均匀度高、搅拌效果好、机器的使用寿命长等特点。当前引进的技术制造出了前置式全自动发料车、后置式全自动发料车和有牵引式发料车等。

（2）合理分群和适时转群。合理分群是TMR技术必要的配套措施。实现合理分群，就不会产生过肥的奶牛，有利于牛的产奶性能的发挥。牛群的分群数量要根据其大小和现有的设备而定。少于300头的小型牛场可以直接分为泌乳奶牛群和干奶牛群，分别单独设计一种TMR搅拌机；300~500头的中型牛场可根据泌乳阶段分为早、中、后期牛群和干奶牛群；多于500头的大型牛场可将牛细分为新产牛群、高产头胎牛群、高产经产牛群等，分别设计6~7种TMR搅拌机。在具体分群过程中，要结合牛群的规模和牛的个体情况灵活掌握，并适当调整或合并。调整转群时要小群转移，最好在投料时转移。

（3）TMR的混合技术。TMR日粮配制中粗饲料的铡切长度影响TMR的混合效果。一般青贮料的适宜长度为2~3cm，但要求有15%~20%的长度要超过4cm，并应加入一定量的5cm长的干草。TMR的含水量应为40%~50%，在混合前要先测定TMR的含水量。TMR的投料顺序按照干草—青贮—糟渣类—精料的顺序，即先粗后精，同时边加料边搅拌，物料加齐后再搅拌4~6min。一般每批搅拌时间以15min左右为宜。TMR中的粗饲料可能因为搅拌时间过长而被搅拌得过细，有可能由于搅拌时间过短而导致营养不均，影响饲喂效果。同时搅拌量也需要控制在满载量的60%~70%，避免搅拌不均匀。

（4）TMR饲喂的料槽管理。TMR饲喂应按照奶牛的分类来投放饲料，一般的干奶牛和生长牛一天只需要投放一次，泌乳奶牛可以一天投放2次，若是在夏季可以投放3次。同时在闷热的夏季每天应翻料2~3次，以此防止饲料沉积发热，并且要求每天清理剩余的饲料。

TMR搅拌机

★百度图库，网址链接：https://image.baidu.com/search/detail

（编撰人：莫嘉嗣，漆海霞；审核人：闫国琦）

23. 喷雾器故障如何处理？

（1）气室塞杆自动上升导致顶部冒水。因为气室或气壁底部阀壳内玻璃球被杂物堵塞或有裂缝脱焊，从而不能使阀体密合。皮碗破损也会导致这种故障。维修时可以采用锡焊补裂缝，清除阀体杂物，更换皮碗。

（2）雾化效果差。出现问题的原因可能是喷头喷孔堵塞、套管内的滤网堵塞或进出水球阀被杂物堵住等。采取疏通喷孔、清除杂物的方式解决；若是套管堵塞可以拆开套管清洗滤网来应对，并检查球阀，清除污物。

（3）加水盖漏气或气室压盖漏气。皮垫圈损坏或突缘与气室脱焊会导致此种现象出现，解决方法是应用锡焊接脱焊处或更换垫圈。

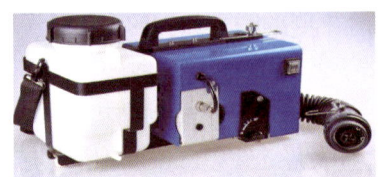

喷雾器

★百度图库，网址链接：https://image.baidu.com/search/detail

（编撰人：莫嘉嗣，漆海霞；审核人：闫国琦）

24. 皮带输送机安全操作事项有哪些？

（1）固定带式输送机应放置在牢实的基础上；在运行前移动带式输送机应该有一个对称的车轮楔形闸板。当多机并联运行时，应留出超过1m的通道。输送机应该没有堆积的工作。

（2）启动前，应调整输送带的牢固度，扣紧应牢固，轴承、齿轮、链条等传动部位应良好，滚轮和保护装置应齐全，接零或接地面的电气保护应良好，输送带和滚筒宽度应保持一致。

（3）启动时，应先空载运转，等待机器正常运转后，才能均匀装料。

（4）当数台输送机串联同时送料时，按顺序从卸料一端启动，待所有机器正常运转后，才开始装料。

皮带传送机

★百度图库，网址链接：https://image.baidu.com/search/detail

（编撰人：莫嘉嗣，漆海霞；审核人：闫国琦）

25. 潜水泵流量调节功能和方法有哪些？

潜水泵在实际工作中，为了达到理想的工作效率，需要控制和调整潜水泵流量的大小。为了实现这一目标，首先要了解影响潜水泵流量的因素。

影响潜水泵流量的内部因素：出水管理不畅通或叶轮被阻塞，叶轮脱落或损坏，水泵下端耐磨圈磨损严重或被杂物堵塞，管道叶轮被堵，密封环损坏，压力不足或点击泵速太低。

影响潜水泵流量的外部因素：潜水泵安装高度过高（叶轮距离太接近水平平面），潜水泵输送液体介质密度过大或高黏度，潜水泵头过高。

调节潜水泵流量方法如下。

（1）变角调节。通过改变叶片安装角度，可以改变泵的性能和潜水泵的工作点，从而调节泵的流量。

（2）变径调节。当叶轮被切割后，泵的性能会根据一定的规则发生变化，从而使泵的工作点发生变化。

（3）变速调节。通过改变潜水泵电机的速度，改变泵的性能和泵的工作点，从而调节潜水泵的流量。

（4）节流调节。对于在出水管路安装了闸阀的水泵装置来说，当把闸阀调小时，就相当于在管路中增加了局部阻力，则管路的特性曲线变陡，其工况点就顺着水泵的Q-H曲线左上方移动。即闸阀关得越小，流量就变得越小。

潜水泵

★百度图库，网址链接：https://image.baidu.com/search/detail

（编撰人：莫嘉嗣，漆海霞；审核人：闫国琦）

26. 青贮切碎机如何使用与保养？

根据所需材料的长度，切碎机可以采用不同的齿轮组。调整刀刃与固定刀之间的间隙时需要根据不同的材料，而移动刀通过固定刀间隙。移动刀切割速度越快，青贮切碎机的效率越高。其中，较薄的秸秆（如谷草）的直径在0.2～0.5mm的范围之内（即缝纫线的厚度之间的空隙）。

电源接通后，空载运行5min，判断运行的方向和机器是否出现异常，当一切正常时就正常工作。工作区域应宽敞，并且请勿接触操作区域。电闸不要离机器太远。运行时候不要打开外壳，拆卸安全罩。离合器的操纵杆向里拉是进料，向外推是倒转、退料。如果发现堵塞或异物，应立即将操纵杆推到外侧，然后取出材料并排除故障。操作人员要小心挑选石头、砖头、铁器等硬物，以免损坏机器。不要远离机器。不熟悉机器性能的人不可单独工作。

如果长时间不使用，试着清洗机器零件，将油注入注油部位，保持身体清洁，不生锈。

青贮切碎机

★百度图库，网址链接：https://image.baidu.com/search/detail

（编撰人：莫嘉嗣，漆海霞；审核人：闫国琦）

27. 如何分辨饲料混合机好与坏？

（1）一个好的混合机，最关键的是混合性能。在现实生活中饲料大多数都是由多种原料混合而成，因此混合性能直接关系到饲料质量的好坏。

（2）不同情况下所需要的混合机种类不同。如果要选择好的混合机，则要先清楚国家机械行业规定标准中预混合饲料的均匀度应≥95%，配合浓缩饲料的均匀度应≥90%。如今国内饲料混合机的主要型式有立式、转鼓式、螺旋锥式、立式桨叶式、螺带式、犁刀式，因此在选饲料混合机时应当适当选择大一点功率的机器。

（3）如何辨别混合机质量的好与坏。一个差的饲料混合机主要在以下5个方面表现出不足。

①饲料混合机排料口或其他结合处不密封造成粉尘及原料的泄漏。

②自然残留率高。自然残留率高是指由于机器设计不合理导致混合结束自动卸料后，饲料混合机内饲料残留量大，易导致不同饲料间的混杂污染，而且变质的残留物成为细菌繁殖的物质基础。

③均匀度没有达到要求，混合均匀度达不到标准要求。

④每吨料电耗超过标准，一定程度上增加生产成本。

⑤安全性差主要表现在无联锁联动装置、无安全警示标志、无传动防护装置、无除铁装置等。

饲料混合机

★百度图库，网址链接：https://image.baidu.com/search/detail

（编撰人：莫嘉嗣，漆海霞；审核人：闫国琦）

28. 使用饲料颗粒机有哪些优势？

饲料加工影响着整个养殖业发展的前景。饲料造粒机由此开始兴盛，一批中小型的饲料、肥料造粒机深受养殖户的欢迎。饲料颗粒机优势如下。

（1）由于制作过程中机械自身的压力，饲料中的淀粉能发生一定程度的熟化作用，产生一种浓香味。且饲料质地坚硬，符合猪、牛、羊的啃啃生物特性，提高了饲料的适口性，易于进食。

（2）谷物、豆类中的胰酶在颗粒形成过程中能抵制因子发生变性作用，减少对消化的不良影响。并能杀灭各种寄生虫卵和其他病原微生物，减少各种寄生虫病及消化道系统疾病。

（3）饲喂方便，利用率高，便于控制饲喂量，节约饲料，干净卫生。特别是养鱼，由于颗粒饲料在水中溶解很慢，不会被泥沙淹没，可减少浪费。

（4）高合金耐磨材料精制成模板和压轮，具有使用寿命长、结构合理、牢固耐用等优点。

饲料制粒机

★百度图库，网址链接：https://image.baidu.com/search/detail

（编撰人：莫嘉嗣，漆海霞；审核人：闫国琦）

29. 饲料粉碎机故障排除方法有哪些？

长期作业后的粉碎机，应固定在水泥基础上。在经常变动工作地点的情况下，粉碎机与电动机要安装在用角铁制作的机座上，如果粉碎机以柴油作动力，应使两者功率相匹配，即粉碎机功率略小于柴油机功率，并使两者的皮带轮槽一致，皮带轮外端面在同一平面上。

青饲粉碎机在市面上经常出现，它不仅可切割饲料青藤、高秆，又可粉碎红苕、玉米，是农村常用的机械。但随着使用时间的延长，会经常出现粉碎时工作无力；不启动；不通电等故障。一般情况下可自行检修。

第一时间检查有无起氧脱落、断裂之处在电源插座、插头、电源线出现，如果没有则可插上电源试机，当电机通电不转动，而用手轻拨动轮片又可转动时，即可断定是该机的两个启动电容中有一个容量失效所致，这种情况下一般只能更换新的器件。还有一种情况是通电不转动，施加外力能转动但电机内发出一种微弱的电流响声,是启动电容轻微漏电引起的。若电流响声过大,根本无法启动电机,断定是启动电容短路所致(电机线圈短路则需专业修理)。如果没有专业仪器,可先取下电容(4UF/400V),将两引线分别插入市电的零和火线插孔中给电容充电,然后取下将两引线短路放电。若此时能发出放电火花且有很响的"啪"声,证明该电容可以使用;电容的容量已经下降,则火花和响声会变得微弱,需换新或再加一个小电容即可。若电容已经损坏短路就必须用同规格新品替换即可修复。

(编撰人:莫嘉嗣,漆海霞;审核人:闫国琦)

30. 饲料粉碎机如何维护?

饲料粉碎机的维护按时间长度可分为日、周、月维护。

(1)日维护。需要对饲料粉碎机运行期间的电力消耗、润滑油消耗等基本运行条件进行仔细观察,并且聆听声音判断设备是否正常工作,如若不正常需加以校正。

(2)周维护。周维护是建立在日维护的基础之上进行更加详细的检查,补充性地检查平时没有特别留意的部件。

①检查设备的动力供给电机的运作情况。

②原料供应仓对原料的容纳是否满足现时生产需要。

③饲料粉碎机生产过程的废料废气的处理情况。

④设备生产的过程中若出现漏料情况应立刻进行校正处理。

一般情况下都是在停工之后对饲料粉碎机进行维护的,在实际的检查过程中应该根据正常的需要进行弹性变更,这样才能起到维护设备预防故障的作用。

(3)月维护。月维护主要是设定设备整体控制的大方向,主要有运行控制检测、权限控制检测,以及设备所占空间的检测。

饲料粉碎机

★百度图库,网址链接:https://image.baidu.com/search/detail

(编撰人:莫嘉嗣,漆海霞;审核人:闫国琦)

31. 饲料搅拌机保养注意事项有哪些？

（1）润滑频次表。传动轴：传动轴内所有的十字轴以及伸缩套管内每8h。轴承：每50h。停车支架：每50h。液压油缸：每50h。

（2）换油频次表。第一次换油在初次使用后50个小时，随后每隔1 500个小时一次。

（3）注意事项。

①称重系统。在连接拖拉机电瓶时，注意区分正负极。保证控制盒电源电压在12V（如果小于10V，控制盒显示数值不精确）。启动拖拉机后再开启控制电源。

②如果机器上需要焊接有损坏的部位，焊接前应拆卸下来，如不能拆卸，请与代理商联系。

③为防止短路，严禁使用高压水枪清洗称重控制盒和传感器。

④紧固所有的螺栓。第一次在工作10h后。每星期紧固一次轮胎上的螺栓和刀片上的螺栓。

⑤大角度拐弯（大于25°）时，必须切断PTO轴。装料和卸料时，应保持拖拉机和搅拌机在一条直线上。

⑥每次使用前，检查机器箱体里是否有杂物（如石头、铁块等）。

⑦需查看使用说明书和有关PTO轴的章节后再更换拖拉机，保证PTO轴适合的长度。

饲料搅拌机

★百度图库，网址链接：https://image.baidu.com/search/detail

（编撰人：莫嘉嗣，漆海霞；审核人：闫国琦）

32. 饲料收获机主要种类有哪些？

（1）滚筒式青饲料收获机。捡拾起收获的牧草后，由横向搅龙输送到喂入口，喂入口与上下喂入辊接触，通过中间导辊进入挤压辊之间，被滚筒上的切刀切碎，经过抛送装置，将青饲料输送到运输车上。

（2）刀盘式青饲料收获机。该机大体上与滚筒式青饲料收获机相似，只是在切碎部分有所不同。

（3）甩刀式青饲料收获机。割草机往复式旋转式护刃器割草。

（4）风机式青饲料收获机。装切刀的叶轮代替切刀的刀盘是它的主要特点。叶轮上切刀专用于切碎，风叶产生抛送气流。

滚筒式青饲料收获机

刀盘式青饲料收获机

★百度图库，网址链接：https://image.baidu.com/search/detail

（编撰人：莫嘉嗣，漆海霞；审核人：闫国琦）

33. 饲养用具的消毒方法及注意事项有哪些？

饲养用具一般包括食槽、饮水器、料车、添料锹等。

（1）操作步骤。

①配制的消毒药应根据消毒对象不同进行配制。

②清扫（清洗）饲养用具，入饲槽应及时清理剩料，然后用清水冲洗。

③饲养用具的不同，其消毒方法也有所不同，可分别采用浸泡、喷洒、熏蒸等方法进行消毒。

（2）注意事项。

①注意选择消毒方法和消毒药。根据饲养器具用途的不同，应选择相对应的消毒药，如笼舍消毒可选用福尔马林进行熏蒸，而食槽或饮水器一般选用过氧乙酸、高锰酸钾等进行消毒；金属器具也可选用火焰消毒。

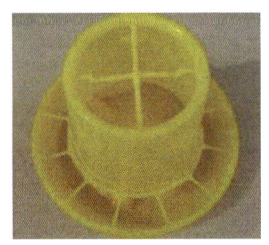
饮水器

★360图库，网址链接：http://image.so.com

②保证消毒时间。在消毒时，由于消毒药的性质不同，应注意不同消毒药的有效消毒时间，给予保证。

（编撰人：莫嘉嗣，漆海霞；审核人：闫国琦）

34. 屠宰击晕设备如何使用？

使牲畜暂时失去知觉的屠宰设备称为击昏（致晕）设备，使牲畜处于昏迷状态，以便于刺杀和放血。下面将从4个方面介绍击晕设备。

（1）击晕设备的优点。使用击晕设备能够提高屠宰场的劳动生产率，降低劳动强度，保证生产人员安全及周围环境的安静。同时，也可防止牲畜因屠宰时受惊吓、痛苦及过度挣扎导致的体内糖原大量消耗，减少肉质因内血管收缩造成的放血不全而下降的现象，有利于保证加工肉品的卫生和质量。

（2）击晕设备的范围。击昏设备包括全自动心脑击昏机、手动击昏钳、电动瞬时击昏钳、自控电麻机、手握式麻电机、"V"形麻电装置、梯形麻电装置、关电自动麻电器等，另外还有些采用二氧化碳麻醉法。

（3）击晕的方法。电力击昏法在目前采用得最为广泛，也就是通常所说的"麻电"。猪的脑部在麻电电流通过时会造成试验性癫痫状态，猪心跳加剧，故能得到良好的放血效果。电流强度、电压大小、频率高低以及作用时间都将影响麻电效果，采用低压高频电流电击其额部可获得较好的麻电效果，肌肉出血可大大减少。

（4）麻电时注意的事项。①麻电时间不能擅自延长，麻电电压不能擅自提高，电麻时间掌握在2s，允许使用电压在70~90V。②为防电流短路，手握式麻电器要在两端分别浸入盐水。③麻电后的牲畜，要达到四肢颤抖、心跳不停，呈昏迷状态，严禁将猪麻电致死。④无论使用何种麻电设备，都必须装有电表、调压器，经常注意电压变化，并及时调整电压。⑤麻电工人应穿好绝缘靴，带好绝缘手套。

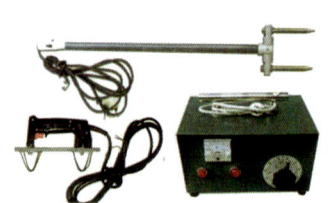

屠宰击晕设备

★百度图库，网址链接：https://image.baidu.com/search/detail

（编撰人：莫嘉嗣，漆海霞；审核人：闫国琦）

35. 屠宰设备如何安全操作及维护保养？

进行设备维护时，确定电、气开关处于关闭状态以确保人身安全。

每班生产结束，操作者应及时清洗设备，保持设备清洁、卫生，并做好电气元件、机械传动系统、轴承等防水措施。

检查是否有松动情况出现在设备紧固件连接部位、机械传动机构中。如有松动和损坏，应及时拧紧和更换。

为设备定期检查传送机构的轴套、轴承、密封件等的磨损情况，保持传动部位的润滑，如有损坏应及时修复和更换。

定期为减速机加注润滑油和换油，对轴承座润滑油脂进行补充和更换同型号的新鲜油脂。

屠宰设备

★百度图库，网址链接：https://image.baidu.com/search/detail

（编撰人：莫嘉嗣，漆海霞；审核人：闫国琦）

36. 屠宰设备的安全设施有哪些？

考虑到屠宰工作危险系数比较高，因此，很多屠宰场的安全设施和安全教育做得十分到位，从而提高大家的安全意识，从自身做起。但也有些忽略了安全这一点的不合格屠宰场，那么一般屠宰设备的安全设施都有哪些呢？主要有以下3个方面。

（1）屠宰设备的安全设施有过程停止开关、急停开关、机械防护等。

（2）安全停止设备的运行要用到过程停止开关，当重新启动时，设备从停止的状态继续运行；在总控制板前和每个设备的控制箱有个急停开关。

（3）在设备重新起动前必须重新对停止的设备通过使用急停开关进行设定。解除急停开关后，设备再起动时是从初始状态开始运行；机械防护是为防止身体伤害，为避免设备的损坏。

屠宰击晕设备

★百度图库，网址链接：https://image.baidu.com/search/detail

（编撰人：莫嘉嗣，漆海霞；审核人：闫国琦）

37. 小型饲料加工机组有什么特点和工作原理？

由于散养户和中小型养殖场所需要的配合饲料比较多，从市场上买只会增加养殖成本，所以为了迎合需求，小型饲料加工机组理所当然地出现了，该设备主要由粉碎机、混合机和输送装置、计量配料装置等组成。

（1）小型饲料加工机组特点。①工艺流程简单。②分批进行人工称重，添加剂分批由人工投入机组。③主要以粉碎机和立式混合机为主，辅以输送设备等组成，机组结构简单。④适合畜禽养殖场及小型饲料加工厂使用，因为其投资少、占地小，对厂房要求不高。

（2）小型饲料加工机组原理。工作时，主料从主料口进入，轴向粉碎机产生负压使其通过吸嘴吸入粉碎机，被粉碎后的粒料落入混合机，副料（添加剂等）从副产口加入混合机，主料、副料被混合机的垂直螺旋进行混合，从卸料口卸出混合均匀后的饲料，完成一批饲料的生产。粉碎机在卸料时仍可工作，将粉碎好的饲料通过中间料箱上方的换流导向板导入中间料箱，再通过副料口进入混合机，实现连续混合，这样可以有效提高工作效率。

小型饲料加工组

★百度图库，网址链接：https://image.baidu.com/search/detail

（编撰人：莫嘉嗣，漆海霞；审核人：闫国琦）

38. 音叉开关如何操作?

音叉开关作为浮球开关的升级换代,该物位开关无活动部件,因此无需维护和调整。振动管和内置的振动棒构成280Hz振频的"音叉"共振探头,在压电元件的驱动下,发生振动,即音叉的"共振"原理。振动幅度在探头触及测定物时急剧减小,由此转化为电子信号,使继电器进行开关动作。

(1) 音叉开关的安装说明。

①安装时应避开入料口处。

②在颗粒直径大于15mm的块体低位或入料口下部安装时,应加探头护盖。

③测定黏度较大的粉粒体时,安装时应从容器的上部向下垂直或从侧壁部斜向下较深地插入。

④探头使用温度超过120℃时,应定期检测由于压电元件寿命缩短而引起的开关动作失常。

(2) 注意事项。音叉开关用来测固体物料时,在振棒上方应安装防护罩或设防护板以防止物料冲击振棒。若用风压送料时,应在振棒外加装一个防护管,并在防护管前端的下部开一个80°的沟槽以使振棒前端露出。室外安装时,应采取遮挡措施。

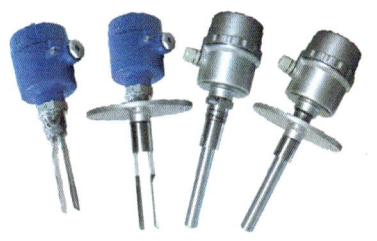

音叉开关

★百度图库,网址链接: https://image.baidu.com/search/detail

(编撰人: 莫嘉嗣,漆海霞;审核人: 闫国琦)

39. 玉米烘干机突发紧急情况如何解决?

(1) 小型玉米烘干机内部起火。小型玉米烘干机内部起火,在及时联系消防部门的同时关闭风机,加速排料,用潮料压塔,或用沙子从塔顶压下,为防止造成塔体破裂,最好不要向塔内浇水,以免彻底损坏小型玉米烘干机。

（2）玉米粒变色或焦糊起火。玉米粒变色或焦糊起火主要是玉米粒在塔体内局部堵塞、流通不畅、进料时只有一个进料点，引起自动分级等原因造成的。玉米粒在局部不流动或流动很慢的时候受高温干燥过度出现糊粒，在自动分级影响下，没有得到清理的轻杂质过分集中，在高温干燥介质长时间作用下，易起火燃烧。消除办法是，加强清理设备的管理工作，保证塔体流料畅通，塔顶进料可改成多点进粮。

（3）小型玉米烘干机发生漏气跑灰现象。小型玉米烘干机发生漏气跑灰现象，主要是由于管道连接处不密封，除尘设备失效引起的。在塔体内顶部干燥介质漏出，则是由顶层角状管外露所引起，进料速度在这时会低于排粮速度。遇到上述情况，要认真查明原因，及时处理，加强密封工作或调整进料速度。

玉米烘干机

★百度图库，网址链接：https://image.baidu.com/search/detai

（编撰人：莫嘉嗣，漆海霞；审核人：闫国琦）

40.怎样选购粉碎机？

可以根据实际需要，从不同的角度考虑后再选择粉碎机。

（1）根据粉碎原料选择。可选择顶部进料的锤片式粉碎机来粉碎以谷物饲料为主的饲料；而以粉碎糠麸谷麦类饲料为主的，可选爪式粉碎机；若是要求通用性好，如以粉碎谷物为主，若要兼顾饼谷和秸秆，则可选择切向进料锤片式粉碎机；还可选用贝壳无筛式粉碎机粉碎贝壳等矿物饲料；如用作预混合饲料的前处理，要求粉碎的粒度很细又可根据需要进行调节的，应选用特种无筛式粉碎机等。一般粉碎机的说明书和铭牌上，都载有粉碎机的额定生产能力（kg/h）来表征其生产能力。

（2）根据配套功率选择。机器说明书和铭牌上均载有粉碎机配套电动机的功率千瓦数。它往往有一定的范围而不是一个固定的数。这有两个原因：一是粉碎原料品种不同时，所需功率有较大的差异，例如在同样的工作条件下，粉碎高粱比粉碎玉米时的功率就大1倍。二是当换用不同筛孔时，对粉碎机的负荷有很大的影响。

（3）根据排料方式选择。自重落料、负压吸送和机械输送为粉碎成品通过排料装置输出的3种方式。自重下料方式在小型单机上广泛采用以简化结构。中型粉碎机大多带有负压吸送装置，优点是可以吸走成品的水分，降低成品中的湿度，有利于储存，提高粉碎效率10%～15%，降低粉碎室的扬尘度。

（4）根据粉尘与噪音选择。粉碎机在饲料加工过程中会产生粉尘和噪音。此两项环卫指标在选型时应予以充分考虑。如果不得已而选用了噪声和粉尘高的粉碎机，应采取消音及防尘措施，以改善工作环境，有利于操作人员的身体健康。

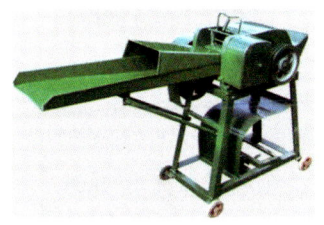

粉碎机

★ 百度图库，网址链接：https://image.baidu.com/search/detail

（编撰人：莫嘉嗣，漆海霞；审核人：闫国琦）

41. 铡草机如何选购及故障排除？

铡草机是养殖户铡切草的好帮手，因为它适合养殖牛、羊、马、鹿等牲畜。铡草机以电动机为动力带动装有利刃的刀轮旋转实现铡切作业，因此，在选购时应从安全性高、质量好的下手而不能只图便宜购买价格低廉的铡草机。

应先从安全保障的角度选择铡草机。必须在铡草机所有旋转件处安装防护罩；喂入口距刀轴轴线距离：生产率低于0.4t/h的不得小于喂入口宽度3倍；生产率大于0.4t/h的不得小于450mm，生产率大于2.5t/h的必须安装自动喂入装置和过载保护装置。应在轴承座、刀座所用螺栓加有防松装置来提高其强度。

注意及时排除故障。应在坚实、水平地基上放置铡草机，运转时要平稳，不能有大的震动；要先对机器各部件作开机前的全面检查。用手扳动铡草机刀轴，看转动是否灵活，刀盘有无裂纹，紧固件是否松动，发现故障隐患应及时排除；作业前观察铡草机运转是否平稳，确认运转正常后再投入作业；应均匀喂料，若发现异常应停机清理；应在加工饲料前清除料中杂物，严防铁件、石块等硬物随料喂入；作业中若发生堵草现象，应立即分离离合器并停机，排除故障。严禁在机器运转时打开防护罩；作业结束前先停止进料，切断电源，将机器内杂物清理干净。

铡草机

★百度图库，网址链接：https://image.baidu.com/search/detail

（编撰人：莫嘉嗣，漆海霞；审核人：闫国琦）

42. 沼气增压稳压系统是什么？

沼气增压稳压系统由变频器、罗茨风机、缓冲罐等组成。沼气增压稳压系统使用说明如下。

（1）沼气增压稳压系统连接方式。连接增压风机进气口与沼气池管道，将增压风机出气口（包括单向阀、单向阀不要装反）与软体缓冲储气袋一端连接。储气袋一端接上压力测试探头后与主管道垂直连接即可。

（2）沼气增压稳压系统使用。安装完后，启动先打到手动挡待气压建立后打到自动挡即可，自动运行。出厂时已调好气压，按气流量需要可调整变频增压稳压器频率到相适应的电机转速。

（3）沼气增压稳压系统设备系数。设定好上限下限压力值后，沼气增压稳压系统增压风机根据缓冲罐内沼气压力的大小自动启动或停止，当设定值高于沼气管网的压力时，增压风机将自动启动，当设定值低于沼气管网的压力时，为了保证罐内压力的稳定，增压风机将自动停止运行。

沼气池

★百度图库，网址链接：https://image.baidu.com/search/detail

（编撰人：莫嘉嗣，漆海霞；审核人：闫国琦）

43. 直冷式贮奶罐的保养方法有哪些？

（1）应用专人管理奶罐设备，经常注意制冷系统的运转情况，做好运转记录，在发现有异常的情况后要及时停止检修。

（2）应每月用一次卤素灯检漏制冷系统，如发现渗漏要进一步全面检查，可根据以下几个方面确定系统缺氟。①压缩机发烫。②制冷量下降。③回汽管路不结霜和不冒汗。

（3）干燥过滤器应每年清洗，烘干或调换干燥剂。

（4）检查高低压力控制器动作，压力指示位置是否有变动，控制罐内部元件是否有锈蚀或损坏等。

（5）检查数显温度控制器的灵敏度。

（6）检查罐是否有蚀坑或破损现象在内壁出现。

（7）检查搅拌器是否缺油，油封是否完好。

（8）应将长期停用的系统的氟利昂抽回到贮液筒内，并关闭贮液筒进出阀门。

（9）应在冬季冷冻机组停止使用时将水冷凝器盘管中的积水放尽，以免盘管冻裂。

直冷式贮奶罐

★百度图库，网址链接：https://image.baidu.com/search/detail

（编撰人：莫嘉嗣，漆海霞；审核人：闫国琦）

44. 自动喂料机吸不上料怎么办?

自动喂料机是利用空气动力实现颗粒物料连续传输的一种机械设备，最常见的故障之一是自动喂料机吸不上料，该如何排除故障呢?

（1）检查设备控制面板，比如说上料机的各个参数，吸料、放料的时间是否无误，要是在此出现问题喂料机就有无法正常地吸料的可能性，应及时地进行更改解决。

（2）检查气动泵，看它的压缩空气起源压力有没有符合相关规定。气动泵的气源压力一般是在6～7MPa，要是压力没有满足相关要求，就应该检查一下气源是不是需要更换通气管道了。

（3）机器的拆装活动也有可能引起自动喂料机不能正常吸料。在上盖和筒体卡箍出现漏气的情况，导致不能够正常进行吸料作业。

（4）将上料机的上盖打开，拿出过滤板后观察在滤芯上面的灰尘的堆积情况，或者有结块的情况，这种问题都有可能会让喂料机不能够正常地进行吸料，只要用压缩空气把它吹干净了就可以解决这种问题了。

（5）检查吸料管道是不是出现了漏气的情况，另外要注意在所有的卡箍上面是不是都有密封圈。

自动喂料机

★百度图库，网址链接：https://image.baidu.com/search/detail

（编撰人：莫嘉嗣，漆海霞；审核人：闫国琦）

45. 产蛋箱的种类及特点是什么？

（1）常规式产蛋箱（人工集蛋）。鸡群在转群前或在全程（育雏—育成—产蛋）饲养的鸡舍22周时安装产蛋箱。如产蛋箱可以关闭，在21~22周时应打开产蛋箱的上层，鸡群开产时再打开下层。一般一个产蛋箱分为两层，4只母鸡共用一个产蛋窝。产蛋窝的规格大约为30cm宽、53cm长、52cm高。产蛋箱在设计时应保证通风良好且无贼风。底层产蛋箱的进出踏板距地面垫料高度不应超过45cm，底层的进出踏板向外应超出第二层踏板至少10cm。每小时在鸡舍内来回巡查，把母鸡赶出墙边或各个角落；频繁拉动悬挂集蛋滑车，使种母鸡习惯于这种工作；在整个生产周期都应及时捡起地面蛋或窝外蛋；在最后一次收集鸡蛋后，将所有产蛋箱中的母鸡取出，并关闭产蛋箱。这些产蛋箱不再给种母鸡栖息。因为母鸡栖息在巢箱中会导致粪便污染产蛋箱。关灯之后，所有产蛋窝都打开，以便母鸡在第二天早晨黎明时就可以进入产蛋状态。

（2）机械式产蛋箱（自动集蛋）。确保所有产蛋窝的内垫都安装到位后再把鸡群转入产蛋鸡舍。每天至少进行4次种蛋收集，促使种鸡习惯于自动集蛋系统。应定期清洗种蛋传送带和产蛋窝的内垫保持其洁净。从产蛋开始，每天应检查1/4的内垫，替换或清洗所有污染、破损或陈旧的内垫直至全群淘汰。如使用传送带刷，应经常进行清洗或更换。要确保对传送带清洗消毒等待其完全干燥之后再投入使用。自动集蛋系统可减少人工集蛋的劳力。然而，任何自动化的系统都应密切注意监控。应建立日常的工作程序，确保绝大多数种蛋都产于产蛋箱内。为尽可能减少集蛋和分级过程中机械损坏种蛋的比例，必须经常维护保养设备。应详细咨询生产制造商有关鸡舍设计和产蛋箱布局的事宜。产蛋箱的规格大约为30cm宽、35cm长、25cm高，应注意种母鸡和产蛋窝的比例，每个产蛋窝最多容纳5.5只母鸡。

产蛋箱

★百度图库，网址链接：https://image.baidu.com/search/detail

（编撰人：莫嘉嗣，漆海霞；审核人：闫国琦）

46. 蛋鸡养殖应选择什么样的LED灯？

应注意选择光谱适合、防水防尘、外形光滑、棱槽少的LED灯作为蛋鸡养殖用的光照器具。

（1）光谱选择。根据研究显示，不同光谱会对鸡产生不同的影响，其中有对鸡有益的光谱，也有对鸡无益的光谱，会抑制其生产。如果光谱选择不合适，甚至可能造成鸡群的延迟开产，由于现代照明技术的发展，养殖用LED灯光谱能量分布得到加强，不适合蛋鸡的LED光谱中抑制性成熟作用加强，极易造成延迟开产的现象。要仔细选择适合蛋鸡用的LED，才能有最明显的效果。

（2）防水防尘。蛋鸡舍一般有高粉尘、高湿度的特点，环境相对来说比较复杂。因此，要充分考虑到蛋鸡用LED的防水防尘等级。若LED的防水防尘等级较低，轻则影响LED的发光效率，使其亮度下降。重则导致LED损坏，影响生产并造成损失。市场上普通照明用LED灯是开的，带鸡消毒容易进水减少寿命，不适宜鸡舍内使用。在鸡舍内一定要选用封闭型的来保证其寿命。

（3）外形光滑，棱槽少。普通LED照明常用的散热结构是棱槽、鳍片，但过多的棱槽、鳍片易附着堆积饲料粉尘，饲料在禽舍潮湿的环境下发酵会滋生细菌病毒，存在引发疫情的风险。故禽舍用LED在保证自身散热需求的前提下，应尽可能地保证外形光滑，降低积灰的可能性。鸡舍内不宜使用散热结构为棱槽、鳍片的普通照明用LED灯。

（编撰人：莫嘉嗣，漆海霞；审核人：闫国琦）

47. 正确安装风机、湿帘的步骤是什么?

夏季室内养殖降温的常用方式之一是风机、湿帘系统,它能降低或消除热应激以保障专业化养殖户在炎热的夏季能够均衡稳定地生产,并能降低年均单只鸡饲养成本。随着风机、湿帘在养殖场中的应用越来越广泛,正确的安装是使风机、湿帘发挥最大作用的重要因素,如何正确安装风机、湿帘呢?

(1)工作人员绝不能马虎对待风机、湿帘的设计与安装,当室内窗户离地面很高时,湿帘距离就要采用负压纵向通风方式的最佳距离,风机与湿帘安装在两端。

(2)当湿帘因室的一端有工作间而无法安装在一端的墙体上时,可以将湿帘安装在室里临近的侧墙上,风机则安装在对面的墙体上,成对角线安装。

(3)当风机抽风的距离因车间中山墙距离过长而达不到预期的效果时,可以采用横向通风的方式来减少阻力损失,即风机与湿帘成组地安装。

(4)一般在上风口布置湿帘,在下风口布置风机,湿帘的进气口必须留有足够的进气空间。

(5)一般一台风机配置 $6\sim8m^2$ 且分布均匀的湿帘。

(6)负压风机和湿帘采用嵌入式安装,就是在房舍的墙上预留出或现凿出风机和湿帘的位置。

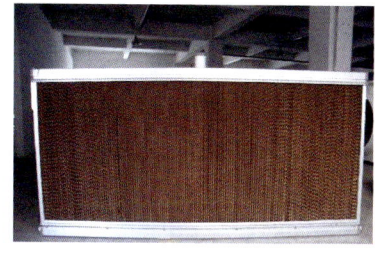 

湿帘　　　　　　　　风机

★百度图库,网址链接:https://image.baidu.com/search/detail

(编撰人:莫嘉嗣,漆海霞;审核人:闫国琦)

48. 风机、湿帘使用过程中常见问题的处理方法有哪些?

(1)风机、湿帘的计算比较复杂,要求1min内鸡舍空气至少能交流一遍,且进风口的面积至少是出风口的2.5倍。依据这个理论,普通而言,蛋鸡舍每2 000只鸡需配备1400型风机(1.1kW电机,额定功率52 000m³/h)1个,对应湿帘面积6~8m²。

（2）当湿帘面积充足而风机数量缺乏时（风机在规范配置的基础上要有1~2个备用风机），鸡舍的降温效果差，需要依照彼此配置数值增加风机数量来解决这个问题。

（3）最常见的状况是风机数量充足而湿帘面积缺乏，这时个别风机扇叶由于风机阻力增加，不能完整翻开呈半工作状态，容易烧毁电机；湿帘遭到压力增加，湿帘面向鸡舍凸入；由于鸡舍的空气快速排出时进气量未能填补，鸡舍呈现负压缺氧状态。鸡群会因为缺氧导致体质变差，呈现一定程度的产蛋性能降落，且很难发现缘由。处理方法：一是二者一定要匹配；二是在湿帘端的两侧增加湿帘（不主张从中间加湿帘，会因进入风的短路而降低降温效果）；三是关于不能增加湿帘的，宁可少开风机；四是可在风机端恰当开启一定缝隙的窗户进风来迎合高温高湿多开风机的需求。

（4）风机、湿帘都缺乏时，鸡舍降温效果极差，高温导致鸡群进食欲望下降，夏季采食量低下，到了秋季鸡群会因夏季严重营养不足而引发疾病。一般依照风机、湿帘的数量和匹配数值改建湿帘，用增加风机的方法来处理。

（编撰人：莫嘉嗣，漆海霞；审核人：闫国琦）

49. 风机、湿帘的有效清洁方法有哪些？

风机、湿帘在使用过程中，要定期对其进行设备维护，对其进行清洁。在清洁的时候，一般会采取什么样的方法呢？下面将对这个问题进行探讨。

（1）风机、湿帘进行清洗时，为了保证彻底晾干湿帘纸，保证湿帘墙降温，风机需要在水泵停止30min后再进行关停。系统停止运行后，检查水槽中是否已排空积水，避免湿帘纸底部长期浸在水中。

（2）喷水管清理，在打开两端的螺塞后，用一外径约为25mm的橡皮软管插入，另一端接自来水，进行冲洗即可。

（3）湿帘纸清理。清除湿帘纸表面的水垢和藻类物。在湿帘纸彻底晾干后，用软毛刷上下轻刷，避免横刷（可先试刷一部分，检验一下该湿帘纸是否耐受）。然后启动供水系统，将湿帘纸表面的水垢和藻类物冲洗掉（避免用蒸汽或高压水冲洗湿帘纸），湿帘降温得到明显效果。还要控制鼠害，在湿帘纸很少用甚至不使用的时候，可通过加装防鼠网或在湿帘纸的下部喷洒灭鼠药来防止鼠害。湿帘墙降温工程延长使用寿命3~4年。

（4）若一段时间内水泵不再使用，应放在清水中通电运行5min，以清洗泵内外泥浆，擦干涂防锈油后在通风干燥处放置。

（编撰人：莫嘉嗣，漆海霞；审核人：闫国琦）

50. 风机、湿帘结构上如何组成？

风机、湿帘的整个工作过程由三大系统相互配合来完成，那么在设备工作的过程中，这三大系统是如何配合工作的呢？各个系统在工作中承担着什么样的角色，起到什么样的作用呢？这是很多人都关心的问题，下面将为大家介绍一下。

（1）过滤系统。风机、湿帘的一个重要系统，湿帘具有良好的通风透气和耐腐蚀的性能，空气中污尘会被其有效地过滤掉，是无毒、无味、洁净增湿、给氧降温的环保材料，因此也是一种空气过滤和净化的介质。

（2）增湿系统。作为增湿介质时，湿帘多数用于对湿度要求较高的特殊行业，如种植园、温室等。湿帘适合用于调节室内湿度，因为它具有吸水、耐水、扩散速度快、效能持久等优点。

（3）降温系统。

①纸质多孔湿帘、水循环系统、风扇组成了"湿帘—负压风机"降温系统。湿帘多孔、湿润的表面有未饱和的空气流经时，大量水分蒸发，空气中由温度体现的显热转化为蒸发潜热，从而降低空气自身的温度。在抽风时，风扇为了达到降温效果将经过湿帘降温的冷空气源源不断的引入室内。

②湿帘冷风机降温是通过循环水泵不断地把水从接水盘内抽出，并通过布水系统均匀地喷淋在蒸发过滤层上，室外热空气将会通过蒸发换热器（蒸发湿帘）内与水分进行热量交换，以水蒸发的形式而达到降温、清凉，洁净的空气则由低噪音风机加压送入室内，以此达到降温效果。

（编撰人：莫嘉嗣，漆海霞；审核人：闫国琦）

51. 风机、湿帘冷风机片距离应如何把握？

风机、湿帘在使用的时候，确定冷风机片的设置距离十分重要。那么，在设置的时候，一般是依据什么因素去确定这个距离的呢？

制冷系统常用的蒸发器是风机水帘冷风机片，制冷系统的效率受其是否选择得当的影响。众所周知，根据所需要的环境温度不同，冷风机会采用不同的翅片间距来适配。我们常见的冷风机，翅片间距有4mm、4.5mm、6~8mm、10mm、12mm，还有前后变片距的。翅片间距小，适合高温环境；冷库温度越低，需要的翅片间距越大。假如选择时不仔细考虑，选择不够合理，翅片结霜速度快，很快就会堵住风的通道，造成冷库降温困难，发挥不出压缩机效率，造成制冷系统的耗电量增加。

但有一些场合，单纯按温度来选择冷风机翅片间距是不可行的，比如肉类、蔬菜的快速预冷、排酸，虽然冷间温度一般设置在0℃以上，因为入货温度高、降温速度快、货物湿度大，选用片距为4mm或4.5mm的冷风机，是不合适的，必须用片距8mm甚至是10mm的冷风机才恰当。

还有类似于储存大蒜、苹果等果蔬的保鲜库，-2℃一般为适宜的储存温度，像这种储存温度低于0℃的保鲜或气调库，为了避免快速结霜造成风道堵塞，耗电增加，需要选用片距不小于8mm的冷风机。

根据工程经验，如车间空调、阴凉库、冷库穿堂、保鲜库、气调库、催熟库等这种一般0~20℃的环境，选用片距为4mm或4.5mm的冷风机；如低温冷冻冷藏、低温物流库这种-25~-16℃的环境，选用片距为6~8mm的冷风机；而-35~-25℃的速冻库，一般选用片距为10mm和12mm的冷风机，如果是速冻的货物湿度大，会选择变片距冷风机，进风侧翅片间距能达到16mm。

（编撰人：莫嘉嗣，漆海霞；审核人：闫国琦）

52. 降温湿帘常见故障的导致原因以及处理方法有哪些？

（1）冷却和湿帘带松脱。可以将电机固定螺丝松开，电机向左移动以拉紧皮带。建议以皮带压下15~20mm为宜。

（2）风扇叶片异响，铝滑轮开裂或轴承响。应用环境很差，异物在风扇叶片上缠绕。扇叶的应用时间很长，已经达到了寿命的数值。叶片不常被清理。轴承转子损坏形成轴异响。

（3）在关机状态下叶子没有落下来。检查张力弹簧是否太紧，平行铁分量，百叶两端的活动位太紧。在百叶之间是否有异物。连接杆和各衔接间呈现卡死，储运可以使百叶片受压力变形。

（4）开机后百叶不能正常打开。检查紧绷的弹簧，如果它太松，拧紧它直到它打开。检查平行铁和铝拉杆的活动水平是否正常，皮带是否太松，室内负压是不是过大，然后相应地进行维修和处理。

（5）没有空气供给或风速太小。原因是相位反转，风机卡死，可能是电机损坏或固定箴及风扇座有变形。

湿帘　　　　　　风机

★百度图库，网址链接：https://image.baidu.com/search/detail

（编撰人：莫嘉嗣，漆海霞；审核人：闫国琦）

53. 如何正确使用湿帘？

从夏季鸡群发病规律看，往往都是从湿帘处开始。为什么呢？这都是"贼风"造成的，什么是贼风，就是"温差大的风"。换句话说就是吹向鸡身上风的温度比鸡舍内空气的温度要低的多，温差一般超过6～7℃吹向鸡群就有可能使鸡群冷应激而发病。

（1）多观察鸡群。靠近湿帘的鸡绝不能缩脖子的。

（2）上水控制。湿帘降温，通常用潜水泵上水，直到温度降到29℃以下才能自动停止。所以一旦上水，湿帘就会全湿，冷却太快，很容易造成湿帘处鸡冷应激。应使用间歇式上水，如开30s，停止180s。

（3）湿帘必须有挡风玻板（导板）。在吹到鸡群之前，让湿帘里的冷空气与室内的热空气混合。

（4）用湿帘将水冷却。鸡舍必须完全密封。让风从湿帘中吹出，从风机口排出，从而起到防潮降温的作用。

（5）使用风机时，注意进风量。如果感觉郁闷，那么风量太小，应该打开大的湿帘，增加风量，防止缺氧，尤其是新用户，这种错误极易犯。

（编撰人：莫嘉嗣，漆海霞；审核人：闫国琦）

54. 降温湿帘安装的要点有哪些？

降温湿帘的使用效果如何，与其安装方法有着非常大的关系，因此，在安装的时候，需要注意以下几个方面的问题。

（1）注意温室整体的密闭性，特别是湿帘和湿帘箱体、湿帘箱体和山墙、山墙和风机设计安装是否有缺陷，导致室外热空气浸润，影响系统降温效果。

（2）如果湿帘表面有鳞片或藻类形成，应在彻底干燥后用软毛刷上下刷。然后可用供水系统适当调高压力进行冲洗。每年夏天启封使用也应检查湿帘缝隙中的杂物，用软毛刷清除。如发现湿帘出现缝隙应挤紧，缝隙过大时应补上。冬天停止使用时，待湿帘干透后，应该用胶片来密封。

（3）观察湿帘的流动和分布情况。水流一定要小，整个湿帘必须均匀湿润，没有干燥部分或部分集中的水流。当系统开始运行时，如果湿帘区有水流喷射现象，多是由湿帘的纸质表面毛刺引起。如在运行过程中还是发现水流喷射、干带或集中水流，多为供水系统设计不合理或供水压力不当，应重新设计供水系统或调整供水系统的压力。

（4）日常使用应先停止供水，并保持风机运转直到湿帘完全干燥。整个系统停止运行后，还应检查湿帘箱底部回流水槽积水情况，以避免湿帘底部长期浸在水中，导致霉变，减少使用寿命。系统的设计和安装正确，底部不应该有积水。

（5）定期检查供水系统，确保其正常安全运行。具体来说，水质要安全，供水系统使用清洁水源，不能使用含有藻类和微生物含量过高的水源，水的酸碱度应适中，电导率小。其次，应该检查系统的各组成部分。过滤器应定期清洗，水池要加盖并定期清洗和清洁消毒。水池的设计必须与循环水分开。只能在过滤后回收使用。

（编撰人：莫嘉嗣，漆海霞；审核人：闫国琦）

55. 使用风机水帘有什么样的特点？

（1）风机水帘节能环保。无氟利昂制冷剂，无污染的环保产品，相比于压缩机空调，运行成本低得多。耗电量仅为压缩机空调的1/20，其独特的通风效果使传统空调无法比拟。

（2）低成本。由于湿帘冷却系统结构简单，所用材料价格相对较低廉，成本较低，是空调设备投资的1/30。

（3）安静舒适。大风量，无振动，低噪声，大量冷生产。

（4）新鲜空气。通过风机和水幕的结合，自然的湿化和冷却的物理过程，不断的提取新鲜空气净化工作环境，提高环境的舒适性。

（编撰人：莫嘉嗣，漆海霞；审核人：闫国琦）

56. 养鸡场风机如何选择、使用和维护？

（1）风机的选择。选择风机时，应重点关注影响风机性能的关键部件，如：壳体、进气阀盖、电机、风叶、旋转总成、百叶窗的自动开启等。选择风壳主要是看冷镀锌钢板涂层厚度，薄易生锈，不宜选用。风机进口盖有镀锌钢板和玻璃2种材料，选择镀锌板为好；与之配套的电机功率为750W和1 100W，选择1 100W为好。风机种类较多，材质为不锈钢、镀锌钢板、铝合金、彩钢板，从性能上，宜选用不锈钢风叶。风叶造型多种多样，性能好的造型和加工工艺均复杂。转动总成有压铸铝和铸铁两种材料。百叶窗自动快门开启装置有离心锤式、重力锤式和风吹式。从经验来看，离心锤式更稳定，重力锤式易受粉尘堆积。风吹式主要用于36寸风机。百叶窗主要是看其密闭性是否良好。

（2）风扇结构和工作原理。风机主要由风叶、百叶窗、开窗机构、电机、皮带轮、进风罩、内框架、外壳、安全网等组成。启动时，电机驱动风叶旋转，并使开窗机构打开百叶窗排风。关机时百叶窗自动关闭。

（3）风机的使用与维护。

①风机长途运输时应加以保护包装。风机应竖放，避免重压、碰撞。搬运过程应轻拿轻放以防风机受损。

②在每养一批鸡之前都应对风机进行一次全面检查维护。轴承应加润滑剂，润滑开窗机构直三角胶带松紧是否合适，扫除风叶、百叶窗、电机等部件上的积尘。

③注意风机电压。风机在正确使用时电源必须符合风机铭牌规定，电压上下偏差不得超过额定电压的10%。风机停机时严禁使用外力开启百叶窗，以避免破坏百叶窗的密合性。

（编撰人：莫嘉嗣，漆海霞；审核人：闫国琦）

57. 什么是负压通风？负压通风鸡舍要如何设计？

用风扇将空气抽出，新鲜空气通过鸡舍两侧的空气入口进入鸡舍；当系统工作时，鸡舍是部分真空，也称为负压通风。一旦鸡舍形成负压，新鲜空气就会通过鸡舍的空气入口进入鸡笼，随着负压的增加，进入鸡笼的风速也会增加。压力可以调节空气从入口进入鸡笼，使新鲜空气均匀地到达所需的位置，然后改变方向和沉降到地面。成功运行负压通风系统，鸡舍必须密封好，为发现鸡舍漏风情况，通常应经常测定鸡舍的负压，将鸡舍所有的门窗和进气口都关闭，然后打开一台1.22m或1.27m（或2台0.91m）的风机，舍内测定负压不应小于0.15英寸（1英寸≈2.54cm）水柱，负压在整个鸡舍都应该是一致的。如果空气压力小于建议的0.15英寸水柱，应找出原因，并采取适当措施来维护损坏的进气道或卷帘。负压通风系统应该以鸡每千克体重0.011~0.017m^3/min的空气交换速率提供通风，每平方米的鸡舍用一个10 000CFM风机和5~10min循环定时器可以达到该通风率；舍内保持0.13~0.25cm的静压，可以让空气以一定速度进入鸡舍，达到一个良好的空气混合效果。风机的排风必须与进气道的面积相匹配，达到适当的静压值，而直径为1m的风机需要的进气道总面积为1.4~9m^2。

风机

★百度图库，网址链接：https://image.baidu.com/search/detail

（编撰人：莫嘉嗣，漆海霞；审核人：闫国琦）

58. 负压风机噪声过大怎么办？

通风降温设备负压风机正常运行，其噪声应该在65~70分贝，当中一部分是风声，风的声音产生是无法避免的，但如果是负压风机安装问题，所产生的噪声是完全可以通过检验解决，下面是一般分析和解决潜在的问题。

（1）窗框尺寸小，在操作过程中，使负压风扇与窗框共振。

解决方案：适当减少填料，观察安装底部是否平整。如果不平整，采用柔软的材料垫平。

（2）安装负压风机时，地脚螺栓的弹簧会压死。

解决方案：调整负压风机的安装位置，使其处于悬挂状态。

（3）阀座垫的安装螺丝太紧，失去消振作用。

解决方案：确保阀座的稳定性，适当调整安装螺丝的张力。

（4）低压导致负压风机的振动和噪声异常。

解决方案：选择电压调整器或电源调节器，将电源调整为负压风机额定电压范围。

（5）风叶与壳体碰撞。

解决方案：固定刀片，调整顶部和外壳之间的间距。

（6）电机轴承不好。

解决方案：更换电机轴承。

（7）基础螺钉松动，太快，轴承固定螺丝松动。

解决方案：根据技术要求拧紧底座和轴承螺丝。

（编撰人：莫嘉嗣，漆海霞；审核人：闫国琦）

59. 风机如何进行安装调试？

（1）最好在养殖畜牧风机调试时将畜牧风机进口或出口管路上的阀门关闭。运转后将阀门逐渐打开，达到所需工况为止，还要时刻关注畜牧风机的运转电流是否在额定电流范围内。这样也是对畜牧风机使用最好的一个途径，但是针对用户所组装的不同类型的畜牧风机，调试的方法还是有所区别的，用户在对其进行调试组装中要考虑到这个问题并加以注意。

（2）调试过程中尤为重要，因此必须有两人以上在场参与畜牧风机调试过程。需要一个人控制畜牧风机的电源，另一个人要对畜牧风机的运作情况进行观察，发现了任何异常后，一定要先通知控制电源的人，立即停机进行详细的检查，在确定排除隐患之前，是不能开机运行的，畜牧风机所需电机功率是指在一定工况下，对离心畜牧风机和畜牧风机箱，进风口全开时所需功率较大。

（3）用接线图检查接线方法是否相符，应认真检查供给畜牧风机电源的工作电压是不是符合要求，电源是否缺相或同相位，所配电器元件的容量是否符合要求。在畜牧风机达到正常的转速时，应测量畜牧风机输入电流是否正常，畜牧风机的运行电流应在其额定电流范围内。若运行电流超过其额定电流，应检查供给的电压是否正常。自己组装的畜牧风机使用说明不会那么的完善，但也需要对畜牧风机的使用有个更深的认识，每一种零件都有最为详细的使用说明，这个方面用户一定要把握好。

（编撰人：莫嘉嗣，漆海霞；审核人：闫国琦）

60. 孵化机使用前应做哪些准备工作？

孵化机孵鸡是一项技术性很强的工作。必须经过培训掌握孵化技术。例如，在使用孵化器之前，用户需要做好以下6项准备工作。

（1）制定孵化计划。首先根据设备条件、孵化能力、蛋品供应情况、雏鸡销售信息等，认真、适当考虑编制合适的孵化计划，同时安排孵化人员和勤务人员。

（2）培养箱消毒。在孵化前一周，在检查机器的所有部件时，应对孵化场和孵化机进行清洁和消毒。室内屋顶、地板和各个角落应清扫干净，机内擦洗干净，用高锰酸钾、甲醛熏蒸或与孵化蛋一起消毒。

（3）检查蛋托盘。检查鸡蛋托架是否牢固，电线是否脱落、弯曲、断裂等。鸡蛋托盘必须逐个检查。

（4）机体检查。反复开关门，仔细观察机体是否牢固。机体的四壁、顶壁和底板是否有因湿气而变形或裂开，发现故障要及时修复。

（5）校正检查机器。孵化前一周，有必要检查电子培养箱的部件是否安装正确且安全，以及电气系统是否连接正确、灵敏和准确。检测温度计准确度的方法：将1个读数准确的温度计和孵化用温度计放入38℃的温水中。观察温度差异。如果温度差超过0.5℃，应更换或胶布贴上校正值标记。

接通电源，扳动电热开关，观察供温、供湿、警铃等系统的接触点，看是否接触失灵。调整温度控制，将湿式水银导电温度计控制到所需的温度和湿度，然后关闭门并测试几次。拉动警铃开关，并将温控水银导电温度计调节至36℃（低温恒温器）和38.5℃（高温计），分别观察警铃是否可以自动报警。同时检查电机和驱动系统是否正常，风扇皮带是否松动，以及是否安装了翻转装置。上述部件没有问题，试验机应运行1~2d，一切都正常之后再正式入孵。

（6）检查电路。检查电线是否老化或漏电、断线和连线等情况。准备好各种零配件，如电热丝、温度传感器、电阻器、电容器、风扇皮带等以备急需。

（编撰人：莫嘉嗣，漆海霞；审核人：闫国琦）

61. 孵化机挑选注意什么？

（1）孵化率。孵化率是设备质量最重要的指标，也是许多孵化厂和专业家庭更换先进孵化设备的主要原因。机器内部的温度场应该是均匀的，没有温度的死角，否则会降低孵化速度。

（2）机器使用的成本。比如电费和维修费。

（3）合理的电路设计和完善的老化检测设备。另外，机器在加载后需要经过一段时间的测试，只有通过测试后才能使用。

（4）良好的售后服务。一是服务快捷，二是服务时间长。应尽量选择规模大、信誉好、售后服务时间长的厂家。

（5）使用寿命长。保温箱的使用寿命取决于材料、材料的厚度和电气元件的质量，用户应该对其进行详细的比较。此外，产品类型也是选择孵化器时应特别注意的方面。

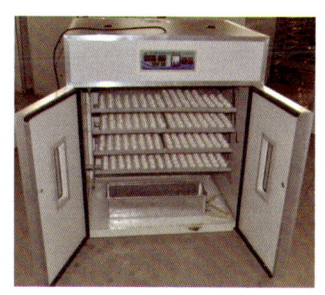

孵化机

★百度图库，网址链接：https://image.baidu.com/search/detail

（编撰人：莫嘉嗣，漆海霞；审核人：闫国琦）

62. 孵化机通气孔怎么设置最好？

孵化过程与换气是分不开的，它可以满足胚胎呼吸孵化的早期阶段对氧气的需求，但随着鸡蛋的潜伏期延长，胚胎对氧气的需求会增加，单独的通风排气扇是不够的，良好的通风条件可以为胚胎提供足够的氧气和排放二氧化碳，确保胚胎的正常代谢和生理功能。如果空气流通不佳，胚胎就会出现错位或畸形，甚至胚胎死亡，这也是为什么出壳难的原因之一。所以孵化机上设置了很多通风的洞，但对于通气孔的位置各个厂家都设置得不一样，有的这开一个，那开一个，也不管什么位置，这都是盲目的做法，虽然它会缓解胚胎组织缺氧的程度，但它也引起了很多的麻烦，如加热不足、不均匀加热、不完整的通风等。那么如何设置排气孔的位置才合适呢？

（1）在机箱的角附近打一个排气孔，通风孔的数量取决于机箱的大小。通气孔不仅提供通风，而且在调节上下两侧温差方面也起到一定的作用。

（2）必须在孵化机侧面上部打上通气孔以保证胚胎后期肺呼吸用，气孔不要打得过多，否则会影响温度和湿度，也不要太少，少打会使氧气不足，一般2~4个是合适的。

（3）风扇的背面有一个通气孔，以确保在孵化过程中一直吸入新鲜的氧气。与此同时，其他气孔增加了二氧化碳的排放速率。

（4）在机箱顶部放一个排气口，因为二氧化碳的比重比空气小，漂浮在孵化场的上部。为了防止二氧化碳中毒，必须在孵化机顶部留下一个小洞。

（编撰人：莫嘉嗣，漆海霞；审核人：闫国琦）

63. 当孵化机遇到停电怎么办？

要根据停电季节、时间长短，是规律性的停电还是偶尔停电，孵化机内鸡蛋的胚龄等具体情况，采取相应的措施。

（1）早春，气温低，室温仅为5~10℃，室内也没有取暖设备，这时孵化机的进、出气孔一般全是闭着的。如果停电时间在4h之内，可以不必采取什么措施。在停电时间较长的情况下就应在室内增加取暖设备，尽快将室温提高到32℃。在处理临出壳的胚蛋，但数量不多的情况下，也用上述的方法。在出雏箱内蛋数多时，中心部位和顶上几层胚蛋要格外注意，防止超温，发觉蛋温过高时，可适当调节温度。

（2）气温超过25℃时，电孵机内的鸡蛋胚龄一般是在10d以内的，即使停电也不必采取什么措施，而胚龄超过13d时，则应先打开门，以降低机内温度，估计将顶上几层蛋温下降2~3℃（视胚龄大小而定）后，再将门关上，每2h检查一次顶上几层蛋温，保持其不超温，如果是出雏箱内开门降温则时间要延长，待其下降3℃以上后再将门关上，每经1h检查一次顶上几层蛋温，发现有超温趋向时，调一下盘，中心部位的蛋温尤其要留意防止超高。

（3）气温超过30℃停电时，机内如果是早期的蛋，可以不采取措施，若是中、后期的蛋，一定要打开门（出、进气孔原先就已敞开），使机内温度降到35℃（95F）以下，然后依据情况将门关起来（中期的蛋）或者门不关紧，尚留一条缝（后期的蛋），每小时检查一次顶上几层的蛋温。若停电时间较长又或者是间歇性有规律的长时间停电（如2~3h），就得酌情每天或每2d调盘一次。为了弥补由于每天停电所造成的温度偏低（特别是停电较多的地区），平时的孵化温度应比正常所用的温度标准高0.28℃（0.5F）左右。这样做即使每天短期停电，也可以保证鸡胚在第21d出雏。

孵化机

★百度图库，网址链接：https://image.baidu.com/search/detail

（编撰人：莫嘉嗣，漆海霞；审核人：闫国琦）

64. 鸡笼是什么？

肉鸡笼养正不断的替代传统的平养方式，逐渐走入现代养鸡新模式。笼养是把先进的科学技术和工业设备应用于养鸡，用管理现代经济的科学方法管理养鸡生产，充分合理地利用饲料、设备，发挥鸡的遗传潜力，高效率地生产鸡肉、鸡蛋。鸡笼大致可分为以下几类。

（1）全阶梯式鸡笼。全阶梯式鸡笼为2~3层，其优点是：①各层笼敞开面积大，通风好，光照均匀。②清粪作业比较简单。③结构较简单，易维修。④机器故障或停电时便于人工操作。其缺点是：饲养密度较低。

（2）半阶梯式鸡笼。为了进一步提高饲养密度，在全阶梯式笼养基础上，将上下层之间部分重叠，形成了半阶梯鸡笼。其舍饲密度较全阶梯式高，一般可提高30%左右，但是比层叠式低。与全阶梯式鸡笼相比，由于挡粪板的阻碍，通风效果较差，但操作更加方便，容易观察鸡群状态。

（3）叠层式肉鸡笼。将半阶梯式肉鸡笼上下层完全重叠，就形成了叠层式鸡笼，层与层之间有输送带将鸡粪清走。其优点是：舍饲密度高，鸡场占地面积大大降低，提高了饲养人员的生产效率；但是对鸡舍建筑、通风设备和清粪设备的要求较高。

（4）种鸡笼。有单层鸡笼和人工授精种鸡笼。与一般的鸡笼有所不同，种鸡笼为了确保公母鸡正常交配或人工授精，应注意：①单笼尺寸与笼网片钢丝直径要适应种鸡体重较大的特点。②一般每个单笼只养2只母鸡。③笼门结构要便于抓鸡进行人工授精。

（5）育成鸡笼。为了提高育成鸡的成活率和均匀度，增加舍饲密度和便于管理，育成鸡笼普遍得到应用。一般育成鸡笼为3~4层，6~8个单笼。

鸡笼

★百度图库，网址链接：https://image.baidu.com/search/detail

（编撰人：莫嘉嗣，漆海霞；审核人：闫国琦）

65. 肉鸡笼设备有哪些特点？

（1）常见的肉鸡笼养均为穴体笼养，其设计和构造与蛋鸡笼基本相同。高密度饲养节约用地，比散养式养殖节约用地50%左右。

（2）肉鸡笼养鸡自动化程度高，自动喂料、饮水、清粪、湿帘降温、集中管理、自动控制、节省能耗、降低人工喂养成本，大大提高饲养户的养殖效率。

（3）预防传染病的好方法，鸡不接触粪便对预防传染病有帮助。

（4）能使鸡更健壮的发展，给鸡提供一个干净、舒适的生长环境，出栏时间大大提前。

（5）提高饲养密度。笼的密度比平房的密度高3倍以上。

肉鸡笼

★百度图库，网址链接：https://image.baidu.com/search/detail

（6）节约饲料。饲养在笼子里的鸡，可以减少活动的数量，浪费料减少。资料表明，笼养可以帮助节省超过25%的饲养成本。

（7）坚固耐用。肉鸡笼成套设备采用热浸锌工艺，耐腐蚀、耐降解，可长达15~20年。

（8）节约时间。很容易提高用户对畜禽的控制，节省更多的时间来处理剩余的工作。

（编撰人：莫嘉嗣，漆海霞；审核人：闫国琦）

66. 肉鸡笼养鸡舍和笼具如何清洗和消毒？

笼养肉鸡鸡笼清洗和消毒是一个比较麻烦和繁杂的工作，一定要小心操作。

（1）清洗笼具和鸡笼。用自来水清洗鸡笼和笼具，清洗时不留死角。料槽和水线也要彻底清洁，以避免残留的饲料、污物和粪便。

（2）鸡笼和笼具的消毒。笼养肉鸡饲养密度大，消毒采取喷雾或熏蒸方法。如果灭菌不完全容易保留细菌和病毒，不利于未来的繁殖和疾病控制。消毒时应轮换消毒剂，应妥善处理。熏蒸之前鸡舍门窗关闭，堵严一切缝隙，再根据鸡舍的容积计算药物剂量（鸡舍熏蒸时高锰酸钾和福尔马林的量为10~15g高锰酸钾，20~30mL福尔马林），消毒打开门窗通风换气后1~2d准备进雏。

肉鸡笼

★百度图库，网址链接：https://image.baidu.com/search/detail

（编撰人：莫嘉嗣，漆海霞；审核人：闫国琦）

67. 鸡舍的除臭方法有哪些？

在使用鸡笼时，要定期除臭。除臭法可分为化学除臭、地面除臭、生物除臭。

（1）化学除臭。一些化学物质具有除臭效果，如高锰酸钾、硫酸铜、醋酸等，能有效抑制异味，降低鸡笼的空气气味。具体方法是将4%的硫酸铜和适量的石灰混合在材料中，或者用2%的苯甲酸或2%的醋酸来喷洒缓冲材料，都可以起到除臭的作用。

（2）地面除臭。地面除臭鸡舍的应用非常普遍，通常在鸡舍的地面上撒一层过磷酸钙，过磷酸钙与鸡粪料的氨反应，生成一种无味的固体—磷酸铵盐，这种物质可以减少鸡舍粪便散发出的氨气，有效降低鸡舍的臭味。具体实施方法是按每50只鸡活动地面均匀撒布350g过磷酸钙。

（3）生物除臭。许多有益微生物可以提高饲料蛋白的利用率，减少粪便中的氨排放，从而抑制细菌产生有害气体，最终降低有害气体在空气中的浓度。

鸡舍

★百度图库，网址链接：https://image.baidu.com/search/detail

（编撰人：莫嘉嗣，漆海霞；审核人：闫国琦）

68. 如何利用鸡场清粪机械？

在机械化饲养鸡的生产中，清理粪便机械是非常重要的。机械清粪不仅能大大提高劳动生产率，还能有效地影响鸡的生产，提高经济效益，所以要做好养鸡的机械化，刮粪机械系统一定要有良好的性能，这是重要的问题之一。那么哪一种刮擦机是好的呢？根据养鸡的实际情况，例如，场地的地形、鸡的大小、人力、物力等因素，刮擦机必须适应当地的条件。

刮粪板刮粪，是一种简单易行的刮粪方法，主要用于笼养鸡舍。主要由电机、减速机、刮刀、钢丝绳和转向开关组成。粪池通常配备有3个刮板，并使用一个继电器来刮除鸡粪。减速器的减速比是1：（40~60），刮板行走速度为2~3m/min。

把鸡粪刮到鸡舍的一端，它就会用螺旋输送器从屋子里运出，一天可以刮2~5次。用这种方式要注意机件各部位的保养和维修，每个部分尤其是钢丝绳很容易被腐蚀，要经常检查，如果用圆钢代替部分钢丝绳，它可以解决鸡粪对钢丝绳的腐蚀问题，使用效果也很好。

传送带，主要用于多层垂直笼子，每层都有传送带。传送带材料用尼龙帆布或橡胶制品，通常需要一定的强度和韧性，不吸水、不变形。大规模养鸡场一般育幼室采用长度为65.2m，宽0.98m，每分钟走8~10m，固定在传送带上的刮板，将粪刮掉，用横向螺旋清粪器把粪便输送到贮粪池中。

集中清粪方式主要适用于高板层笼或高床网平面自由放养的方式，所谓的高床即笼或丝网架高，距舍内地面约1.8m，落在地上的粪便和尿液，每年集中清除1~2次，可用机械，也可以使用人工清粪，但这样一来，鸡舍应该注意加强通风，使排泄的鸡粪能迅速干燥，可以避免因腐烂发酵而产生霉味，影响正常的鸡生长和产蛋。

清粪机械

★百度图库，网址链接：https://image.baidu.com/search/detail

（编撰人：莫嘉嗣，漆海霞；审核人：闫国琦）

69. 鸡舍降温设备种类有哪些？

（1）屋顶喷水装置。在鸡舍旁边挖一个深井，用潜水泵将地下水送至鸡舍屋顶，中间的屋顶设置1~2根塑料管，在水管的前后（或左右）制作多个漏水的孔眼，水流通过孔眼泄漏在屋顶或鸡舍前后窗，起到降温的作用。这种方法可以在炎热的夏天降温2~3℃。

（2）水帘风机系统。砖结构的鸡舍，可安装湿帘、风机系统降温。鸡舍的一端（操作间）两侧的门窗和门的顶部两侧设置1~2根塑料管，塑料管的底部打多个小孔，塑料管一端连接自来水管，另一端堵上，当打开自来水管时，水可以从塑料管小孔流出。在鸡舍的另一端安装纵向通风风机。当通风开始时，鸡舍一端的空气湿帘会冷却下来，进入鸡舍内冷空气。这种方法可以降低舍温2~3℃。

（3）高压喷雾系统。由特制的喷头与水管连接，安装在鸡舍内屋顶下面，水管行距和喷头的多少可根据鸡舍的跨度和长度设置，另有高压水泵将水打入水管。由于高压水泵的作用，液态水变为气态。在鸡舍另一端安装风机。这样，间断喷雾和通风，可降低舍内温度2~3℃。喷雾时间的长短和次数，可根据气温高低灵活掌握。

（4）湿垫风机降温系统。此系统一般可降温7~10℃，降温效果最好。

（编撰人：莫嘉嗣，漆海霞；审核人：闫国琦）

70. 自然通风鸡舍的特点及设计方法有哪些？

开放式或自然通风的鸡舍依靠空气在鸡舍里自由流动进行通风。在开放式鸡舍中很难实现良好的环境控制，鸡群的生产性能环境控制比鸡舍的差。通过使用卷帘变化高度控制鸡舍内的气流，卷帘门下方应该紧密固定在鸡舍的侧墙，从上而下开启，减少空气或贼风直接吹鸡；鸡舍两侧的窗户应该打开形成横向通风。如果风速小或风向改变，鸡舍两侧的卷帘开口大小应该一致。如果风继续从鸡舍的一边吹来，为减少贼风对鸡群的影响，鸡舍主导风向一侧的卷帘应该比鸡舍的另一边开放得少。可以通过旋转风扇来辅助自然通风和改善室内温度。鸡舍使用半透明的卷帘可在光照时使用自然光；黑色的卷帘应该作为孵化期遮光。在高温季节，开放式鸡舍很难达到良好的通风效果，但可以通过以下措施降低高温的影响。降低鸡群的饲养密度；改善屋顶隔热性能，防止太阳光辐射热照射到鸡群，可用喷水降低屋顶温度，但应注意屋顶喷水可能增加相对湿度；打开排风，创建均匀的气流；采用纵向通风系统结合湿帘蒸发冷却系统。为确保通风良好，自然通风鸡舍的建造应限定在9~12m宽且地面至屋檐的高度至少2.5m。

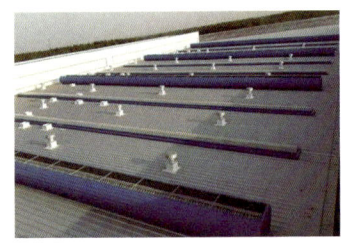

自然通风鸡舍

★百度图库，网址链接：https://image.baidu.com/search/detail

（编撰人：莫嘉嗣，漆海霞；审核人：闫国琦）

71. 鸡用乳头式水线如何组成？

乳头式水线是种鸡场常见的和理想的饮用水设备，可以有效地防止水泄漏，有利于鸡舍空气干燥，减少氨的气味和霉菌繁殖，改善内部环境。全封闭式水线，可确保水供应的新鲜、干净，杜绝外界污染，减少疾病的发生率。一般在减少水线漏水、保障舍内环境温度不过高的情况下，可视情况增加水线的压力和水流量（不到3日龄的鸡群不推荐使用乳头式水线）。

乳头式水线组成部分和作用如下。

过滤器。过滤器用于过滤水中的杂质，使饮用水系统有效工作，并提供足够的清洁水。它有一个塑料外壳，一个滤网和两端两个水压表，一个是进水压表，另一个是出水压表。当水通过滤网时，污垢和杂质会被吸附，当过滤器出水压力小于给水压力时，就要冲洗过滤网杂质，如果不经常冲，常常影响鸡饮水，杂质就会进入加药器、调压器乳头内，而影响正常工作，乳头内密封结构受阻，将大量漏水，所以必要时需处理过滤网或更换过滤网。

调压器。电压调节器根据鸡的饮水需要做适当的调节，上面的透明水管是为压力大小指示和排气所设置的，可以根据鸡的年龄和饮水量调整，调整"+""-"标志上的螺丝，增加水的压力向"+"旋，减少水的压力向"-"旋。

乳头。包括不锈钢球、密封圈、流针、不锈钢接触头、鞍座5部分。功能：不锈钢球起到水分隔离的作用；密封圈防止漏水；流针起到进水和水量控制的作用。当芯子被提升时，它可以被水填满。不锈钢接触器根据鸡啄水而设置，并具有隔水的功能。鞍座防止乳头从塑料管上脱落。

引起乳头式水线缺水或漏水的原因及采取的措施如下。

水调整线不平，有高有低，高地方缺水（低水位压力相对较大，啄水的鸡多，棚架下水多），应该调平，平养鸡水线的高度应该随着年龄的增长逐步提高。

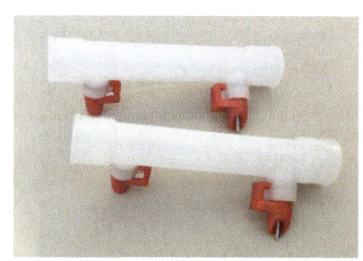

乳头式水线

★百度图库，网址链接：https://image.baidu.com/search/detail

水压调节不当，应先调大些，看鸡的饮水状况，以后再修改。原则上，鸡群越老，水压越高，反之亦然。一般来说，在水平线末端的塑料管的水柱在夏季产蛋高峰期的水位大约是20cm高，可以在冬季减少。育雏期水线末端的水柱高度为5~10cm。

（编撰人：莫嘉嗣，漆海霞；审核人：闫国琦）

72. 家禽屠宰设备如何分级保养？

家禽屠宰设备的管轨滚轮采用高强铝合金架，含轴承；重量轻、耐磨、省油，可与进口铝合金滚轮相媲美。尽管家禽屠宰设备的零部件质量过硬，但家禽屠宰设备在日常使用中也要注意保养，家禽屠宰设备的分级保养做法如下。

（1）一级保养（每周）。定期检查，辅之以间接预防性维护保养形式。根据设备的工作条件和工作环境，每周进行一次。其主要内容有：检查、清洗、自动变速器的调整机制，传送带的部分；检查油泵，疏通油路，检查油箱的油的质量和数量，去除毛刺；检查和调整指标仪表和安全保护装置，发现隐患和异常，应该立刻排除，并消除泄漏现象等。

（2）二级保养（月度）。以保持设备技术状况为主的检测形式，二级保养工作量介于修理和小修理之间，又要完成中修理的一部分，主要用于设备易损件磨损和损伤的修理或更换。

（3）三级保养（设备大检修每年两次）。为了使设备三级维护标准化，应根据设备状况、性能、精度、退化程度和故障可能性，在8月和春节生产淡季时进行，每个部门根据设备的使用情况制定出所有的设备保养维修内容和计划、更换备件计划表和维护成本估计，维护内容包括需停产检修的设备和二级保养的全部内容。设备检修保养的全部内容应存档备案。

屠宰设备

★百度图库，网址链接：https://image.baidu.com/search/detail

（编撰人：莫嘉嗣，漆海霞；审核人：闫国琦）

73.开放式鸡舍饲养蛋鸡光照设备如何管理？

在蛋鸡饲养过程中，光照对其影响是显著的；因此，人工控制或补充光照是现代养鸡生产中不可缺少的技术措施之一。

（1）照明时间管理。

①光对雏鸡的影响是直接刺激。通过光线促进雏鸡的活动和觅食，在育雏头3d，照明时间应该是23h，即黑暗1h；从第4d开始，每天减少1h的补充光照，并向自然光过渡。

②在育成期，育成期基本上采用自然光照，后期自然光照小于12h，则人工补光时间需增加到12h。当鸡体重达到1.45kg时，自然光小于14h，开始人工补充光照，每周延长30min，补充到14h为止。

③蛋鸡产蛋期每天光照时间达到14~16h，自蛋鸡初产开始，自然光不足16h时，开始人工补充光照，每周增加15min，直到达到16h，最长不超过17h。补充光照时间可以在黎明和日落后使用，早晚各开一次灯。对于蛋鸡来说，任何季节都可以设置灯光为早上4点到晚上8点。在后期的鸡蛋生产中，光照时间可以增加到17h，使鸡发挥最大的生产性能。

（2）光照强度的管理。

①育雏期。在育雏的前3d，光照强度要达到10~20lx，3d后光照强度可减弱到5lx。

②育成期。在育成期，采用自然光照，光照强度宜小。若补充光照，强度应为5~10lx。

③产蛋期。产蛋期采用自然光照加人工补充光照，光照强度为10~20lx。光照强度不宜太强，防止发生啄癖等应激行为。

鸡舍

★百度图库，网址链接：https://image.baidu.com/search/detail

（3）灯光的设置。光源采用白炽灯，一般每0.37m²鸡舍设置1W或每平方米鸡舍2.7W就可得到10lx的光照强度。一般用40~60W灯泡，灯泡功率不宜过大，但也不能太小，因为低照度可使脂肪沉积。灯泡一般距地面高度为2.0~2.4m，灯之间距离为灯高的1.5倍，灯与墙壁的距离是灯间距的一半。灯泡要交错排列，使光照均匀。灯泡要加灯伞，不但能保持清洁，还能增加光照强度，节约电能，使灯光设施发挥最大的作用。

（编撰人：莫嘉嗣，漆海霞；审核人：闫国琦）

74. 如何购买到高品质养鸡料线？选购方法有哪些？

（1）养鸡料线简介。养鸡料线是一种自动喂料设备，主要适用于肉鸡、商品鸡、成品鸡的喂食。具有自动化程度高、喂料控制精准等特点。每条料线上的料盘一般分为16个格栅，可供应50~70只鸡正常饮食。它能有效降低养鸡人员的工作强度，节约养殖成本，省时省力。

（2）养鸡料线主要配件。养鸡料线主要由驱动装置、料斗、输料管、绞龙、料盘、悬挂升降装置、防栖装置和料位传感器等组成。其主要功能是把料斗中的料输送到每个料盘中去，保证肉鸡的食用，并由料位传感器来自动控制电机的输送启闭，达到自动送料的目的。

（3）养鸡料线生产技术。养鸡料线的生产和制造技术，包括价格也是比较透明的。养鸡户在选购时必须注意，如今一些小的家庭作坊，自己没有生产能力，就购进配件开始组装，一些所谓的制造商甚至只有几人，这些设备先不说用着省不省心，光售后就没有保障。

养鸡料线

★百度图库，网址链接：https://image.baidu.com/search/detail

（4）养鸡料线的选择指南。由于养鸡料线的价格比较透明，质量差不多的价格不会相差很多，但是一些不良的厂家为了以低价吸引用户开始在设备上偷工减料，降低生产成本。一般好的料盘和饮水设备都是用工程塑料，强度高，弯曲不易折断，而不良的厂家使用低价廉的塑料，强度根本不符合要求。包括供暖设备，在钣金上省料，严重影响使用寿命，频繁的维护费时费力。

（编撰人：莫嘉嗣，漆海霞；审核人：闫国琦）

75. 如何维护养鸡机械？

（1）养鸡自动料线在日常使用中的注意事项。

①每养完一批次鸡后，用黄油保养鸡料线电机轴，电机斗滴几滴植物油防止生锈。

②每批次鸡饲养后，检查装载和吊运系统的螺丝等。

③线路开关与物料线控制接触点，检查是否松动以防止接触不良。

（2）养鸡场加热设备的使用及注意事项。

①养鸡热风炉每3批次鸡饲养后，应打开烟灰口，以清除烟灰，防止烟灰过多，影响燃烧。

②鼓风机和鸡热风炉的卷烟机应确保每批鸡养完后加注一次黄油，维护养鸡机械，防止轴承故障。

（编撰人：莫嘉嗣，漆海霞；审核人：闫国琦）

76. 乳头式饮水器如何安装与使用？

有两种方法来安装乳头式饮水器。一是装在笼子的上面，二是装在笼子的前面，食槽的上方。装在笼子前面的因水滴滴在槽里，这确保了鸡粪是干的，而且维修方便，但是在饮水器下面的饲料被浸湿。乳头式饮水器的安装必须标准化，否则容易造成供水不均匀。乳头式饮水器应在安装后立即给水，原因是刚安装完毕，鸡感觉新鲜，用喙去啄，结果啄出了水，形成了条件反射，口渴就去啄。如果装好后不及时供水，鸡就啄不出任何东西，就不啄了，给了水也不知道去饮。另外，鸡在断喙后20d内不能用饮水器，因为喙痛，不敢啄。

乳头式饮水器

★百度图库，网址链接：https://image.baidu.com/search/detail

（编撰人：莫嘉嗣，漆海霞；审核人：闫国琦）

77. 怎样选购乳头式饮水器？

近几年来，生产乳头式饮水器的厂家遍布全国，由于产品工艺、设计不一样，质量也不一样，在选用乳头式饮水器时应注意下列问题。

（1）以养禽的种类确定乳头式饮水器的性能。开阀力40g左右，适用于成年鸡；开阀力10g左右，雏鸡、成鸡都能用。

（2）选购正规的并有跟踪服务厂家的产品。

（3）检验产品质量。我国多数饮水器生产厂家产品都设计有密封垫，密封垫的内在质量是个很关键的问题。相当一部分厂家采用天然橡胶制造，这种垫一般寿命只有半年左右，在夏季高温环境里会变软并黏在密封口上，造成供水不足甚至不出水。冬季太冷时变硬，易老化，常常漏水，这样的产品会给用户带来不少麻烦，检验密封垫质量的办法很简单，用火柴或打火机烧一下，凡表面变黏的不能使用。

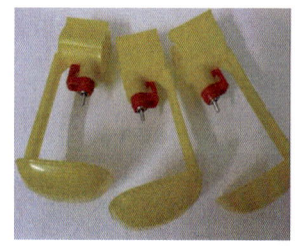

乳头式饮水器

★百度图库，网址链接：https://image.baidu.com/search/detail

（编撰人：莫嘉嗣，漆海霞；审核人：闫国琦）

78. 乳头式饮水器的优点有哪些？

用乳头式饮水器育雏（笼养情况下）与常用的塔式真空式饮水器育雏相比有较多优点。

（1）饮水。育雏第1d，不能及时喝水的小鸡第二天就会变弱。使用乳头式饮水器来育雏在前期应该更注意此点。可以采取以下措施来避免雏鸡缺水。

①在雏鸡到达前，在乳头饮水器下方的水杯中加入水（含有抗应激和抗疾病药物）。

②雏鸡被放入笼子后，小鸡可以休息以适应新环境，然后教雏鸡饮水。每个笼子教6~10只。方法是用手轻握雏鸡，把雏鸡的喙浸在水杯里蘸一下。

③在第一次饮水后，即可在笼子的内侧（或盘子上）撒料"开食"，开食后给雏鸡喂料应遵循"少食多补"的原则。

④开食30~40min，第二遍教雏鸡饮水。第三次后，改为往盛水杯中导水（用手轻轻拍打乳头，水会自动流入水杯）。在此期间，要仔细观察鸡群，发现没有喝到水的雏鸡立即单独挑出来另行饲喂。教雏鸡饮水工作应该持续5d，直到所有的小鸡知道去乳头上饮水。

（2）乳头式饮水器下面要连接盛水杯。因为大部分雏鸡在1~2日龄内不会到乳头上取水。

（3）1~5日龄应经常往盛水杯中导水。

（4）每个乳头式饮水器可供9~11只雏鸡饮水，直到28~35日龄，然后根据饲养密度情况再进行分群。

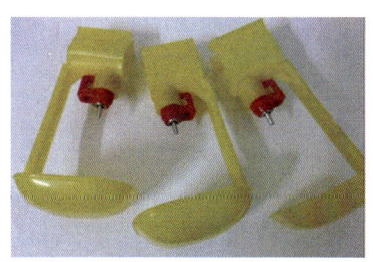

乳头式饮水器

★百度图库，网址链接：https://image.baidu.com/search/detail

（编撰人：莫嘉嗣，漆海霞；审核人：闫国琦）

79. 家禽脱毛机使用方法及注意事项有哪些？

家禽脱毛机是一种比较常见的家禽屠宰设备，用于实现经过适当浸烫的鸡、鸭、鹅等家禽的自动脱毛作业，其基本工作原理是通过脱毛机搅拌转动与羽毛相对运动产生的摩擦来实现脱毛。

（1）家禽脱毛机的使用方法和步骤。

①拆箱后，首先检查零件，如在运输过程中造成螺丝松动，应重新加固，用手转动底盘，看是否灵活，否则要调整一下旋转带。

②机器位置确定后，在机器旁边的墙上安装一个闸刀开关或拉线开关。

③鸡、鸭屠宰时，刀口尽可能杀小些，屠宰鸡鸭后放在温水中（30℃），使全身羽毛温透，最好放一些盐在温水中，以避免煺毛时表皮受损。

④将鸡、鸭在约75℃热水中加热，用一根棍子搅拌，使其均匀受热。

⑤把热鸡、鸭放进脱毛机，一次放1～5只。

⑥打开闸刀开关，机器启动，一边运转，一边在家禽身上加水，最好是热水，煺下羽毛，随污水一起流出。

（2）使用家禽脱毛机的注意事项。

①接地线装上漏电开关。

②在使用前将电源插头插入电源开关，检查转盘是否正常运行。

③用完后用水冲洗干净。

④长时间使用橡胶发条磨损或断裂，应及时更换，以确保正常脱毛工作效率。

⑤在使用一段时间内，若发现转盘转速较慢，则皮带轴可能打滑，机座螺母应拧紧，注意不要太紧。

（编撰人：莫嘉嗣，漆海霞；审核人：闫国琦）

80. 脱毛机有哪些技术要求？

（1）浸烫温度。在拔毛之前，必须用热水烫，水温一般控制在61～65℃。温度太高，皮肤容易烫伤，毛发容易折断，脱皮。浸泡时间一般为1～2min，最好的控制温度在烫毛过程中是恒定的，在放入家禽后不会导致温度下降，这将影响脱毛。浸烫过程中要翻滚确保渗透。

（2）设备可靠性。安全可靠，操作方便，维修方便，操作方便。

（3）符合食品卫生要求。所用材料应无毒、无害、防锈、耐用。

（4）产品系列。应形成一系列产品以满足不同层次用户的需求。小型用户，市场上用来屠宰和销售脱毛白条鸡、烤鸡店、食堂饭店等，一次投放1~3只的用户；家禽加工厂用户，为商场、单位提供批量白条鸡，要求每次投放10只左右。

（5）结构简单便于维修。设计指标如下：羽毛脱净率（％）：>99；破损率（％）：<2（禽体皮表面揉破、断脚、断翅）。

（编撰人：莫嘉嗣，漆海霞；审核人：闫国琦）

81. 鸡鸭脱毛机的正确维护保养方法是什么?

在脱毛机的正常运行中，需要定期维护机器的关键位置，使机器能够更好的使用和更耐用。

（1）每天完成脱毛工作后，关掉电源，用干净的水清洗脱毛机（注意不要将水冲进电机和电源箱）。

（2）定期（最好是每个月）在每个链条和每个轴承上加黄油。

（3）检查轴承旁定位环上的六角螺丝是否松动，并拧紧以防止轮转。

（4）机器用久了如果滚筒上的橡胶棒坏了，应及时更换。

脱毛机

★百度图库，网址链接：https://image.baidu.com/search/detail

（编撰人：莫嘉嗣，漆海霞；审核人：闫国琦）

82. 怎样给孵化机消毒?

为确保良好的孵化率和健雏率，除了对种蛋、孵化室进行严格的消毒外，同样对孵化机也要严格消毒，以彻底切断传染源。现代化的养禽业均已将孵化机的消毒措施列入操作规程之中。那么，怎么给孵化机消毒呢？

消毒前，先在水中浸泡孵化盘和出雏盘，用金属丝刷除幼雏的污血粪便、碎蛋壳和污染物，然后用干净的消毒剂浸泡，最后用清水洗净，沥干备用。

孵化机（包括孵化箱和出雏箱）可以用水冲洗，可以喷3%的来苏尔溶液，或者用福尔马林溶液熏蒸。方法是每立方米容积用30mL福尔马林和15g高锰酸钾。关闭所有的通气孔盖，水盘加水，保持孵化机内的正常孵育温度，相对湿度约为70%。然后将高锰酸钾放置在瓷盘中，置于孵化机底部，再将福尔马林溶液倒入其中，立即关闭，开启风扇鼓风。30min后，打开门和所有的通风口，继续吹气，使空气逸出，这样孵化机的杀菌效果更好。

孵化机

★百度图库，网址链接：https://image.baidu.com/search/detail

（编撰人：莫嘉嗣，漆海霞；审核人：闫国琦）

83. 怎样解决夏季孵化机超温问题？

在夏季，室外温度较高，孵卵器一次盛满鸡蛋，难以控制温度，往往温度过高。如果不及时采取措施，就会降低孵化率，解决方法如下。

从整批改为分批入鸡蛋。一般可分为3次入孵化机，每个孵化机间隔6d，使不同发育阶段的胚胎可以降低内部温度。此外，还应加大保温箱的进风口和出风口，使空气在循环中加速，使机器内多余的热量及时释放出来。夏季试着降低室温，窗户完全打开，为了加快室内空气流通，恒温箱和孵化室温差大，有利于空气流通，控制孵化机，保持孵化温度。

（编撰人：莫嘉嗣，漆海霞；审核人：闫国琦）

84. 鸡舍供料设备的种类及特点有哪些？

鸡舍供料设备包括喂料机和槽。大型养鸡养殖系统是机械化的，饲喂机械配有食槽。

链式送料机是我国最常用的送料机，它由材料箱、连杆、驱动、角度轮、长形槽等组成，有些还配有饲料清洗器。

塞盘式送料机是为干养鸡舍设计的，适用于输送干粉的全部饲料。它由传动装置、物料箱、输送部分、进给槽、角装置、支架等组成。

食槽中长形槽和吊桶形圆槽很常见。

槽式饮水器深度50～60mm，上口宽50mm，一般3～5m长，有"V"形、"U"形水槽。

塔式真空饮水机是由圆桶和水盘组成，可由镀锌铁皮和塑料制成，这种饮水机适合平养雏鸡。

由钢或不锈钢制成的奶嘴，由带螺纹钢（铜）和顶针开关阀组成，可直接安装在水管上，利用重力和毛细管作用控制水滴，使顶针端部经常悬挂1滴水。当鸡需要水时，触摸顶针。饮水后，顶针阀再次封住水道，不再流出。乳头式饮水器有雏鸡用和成鸡用两种。每个饮水器可用于10～20只雏鸡或3～5只成鸡，可用于平养和笼养。

供料设备

★百度图库，网址链接：https://image.baidu.com/search/detail

（编撰人：莫嘉嗣，漆海霞；审核人：闫国琦）

85. 怎样解决自动喂料机堵塞问题？

自动送料机堵塞的原因可能是电子秤的问题，也可能是进料和进料侧阻塞，相应的消除方法如下。

（1）堵塞原因。

①电子秤问题。电子秤计量管道堵塞。在计量管道中，物料输送不顺畅，物料在计量管道内堆积时间过长，物料卸料困难，计量管受到限制。电子秤和送料机的同步机械传动系统或电气直流调速板的控制出现运行故障，导致进料被堵塞。

②喂料落料罩及进料侧阻塞。在进给操作过程中，观察运行情况，发现下料口堵塞，应立即停止。随着流量不稳定的电子秤发生波动或无流量信号，可以确定喂料机发生故障，这是因为光电开关调整及耙辊调整不适宜造成的。

（2）排除方法。

①检查光电管的工作情况，调整光电管的位置，调整耙辊与举升带之间的间隙，在保证生产线流量的情况下控制进给高度。

②修理机械传动系统或电气调速板故障部件，使送料器和电子秤运行平稳。

③打开检查窗口，检查进料口是否光滑，并进行局部修改。合理检查送料口是否与计量管连接，落料斗倾斜平面角度是否正确。

自动喂料机

★百度图库，网址链接：https://image.baidu.com/search/detail

（编撰人：莫嘉嗣，漆海霞；审核人：闫国琦）

86. 种公鸡的饲喂设备有哪些？

公母分饲的成功依赖于良好的饲喂设备管理和均匀的饲料分配。公鸡常用的3种喂料设备是自动托盘喂料装置、吊斗和吊槽。喂完饲料后，将喂料装置提高到一定高度，以避免任何鸡接触，加入第2d的料，再喂料时放下。无论使用哪种喂料系统，都有必要确保每个物种至少有20cm的饲养场所，确保饲料的分布均匀。如果种公鸡不剪冠，适当调整喂料装置，切勿妨碍种公鸡正常进食；当用吊桶时，每个桶的饲料应相等，桶不倾斜。经证明，悬浮式喂料槽非常适合饲养种公鸡，饲喂槽内的饲料可以用手均平，可以保证每一种公鸡吃到相同量的饲料。为了有利于公母分饲，先喂母鸡，然后喂公鸡。为了防止母鸡吃到公鸡的饲料，必须正确调节公鸡饲喂器的高度，同时确保所有的种公鸡都能吃到相同数量的饲料。合适的公鸡装料装置的高度取决于种公鸡的大小和装料装置的设计，如槽的深度或材料板，装料装置的高度应该高于垫料50~60cm，特别注意防止垫料在底部的积累，要经常观察和调整，确保装料装置的正确高度。避免种公鸡的采食位置过大，否则一些凶猛的公鸡会吃得更多，种公鸡的体重均匀性会恶化，导致鸡群的生产性能下降。随着公鸡种类数量的减少，饲喂器的数量也相应减少。喂饲时，应经常检查种鸡的饲养情况，确保公母分饲做到完全彻底。

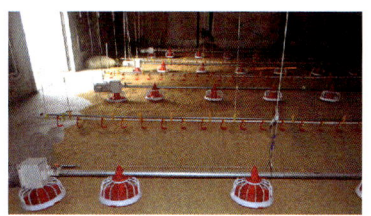

饲喂设备

★百度图库，网址链接：https://image.baidu.com/search/detail

（编撰人：莫嘉嗣，漆海霞；审核人：闫国琦）

87. 种母鸡饲喂设备有哪些？

饲养母鸡的饲养设备要求饲料应在3min内分配给整个系统，以便所有的鸡同时喂食，辅料箱可以减少饲料分配的时间。槽式（链条）进给系统是常见的饲养设备之一，每只种母鸡至少应有15cm的采食位置。为防止种公鸡偷吃母鸡料最有效的方法是在料槽中安装格栅。栅栏内侧的最小宽度为43~45mm，栅栏宽度可以使进料位置降低5%~10%。进一步限制种公鸡偷吃食物，可以在格栅顶部57mm横向安装铁丝或塑料管，但格栅内侧的宽度应该增加2~5mm，使用横向设备具有额外增加格栅强度的优势，格栅宽度应为45~47mm。种公鸡不剪冠，使用格栅和横向铁丝或杆或塑料管确保公鸡不能吃到母鸡料。

盘式喂料系统也是区别于槽式饲喂系统的一种选择，如果管理得当，饲料可以均匀分配。使用盘式系统时，一只母鸡饲养的位置可以减少约5cm，托盘和托盘之间应该保持一定的距离，让喂鸡不互相干扰，主控制装置必须连续的操作；定期检查，以确保所有料盘都能接受饲料，并确保给水系统在任何时候都可用。

盘式进料或吊桶也可与栅栏一起使用，可用于防止种公鸡偷吃饲料，在使用吊桶时应尽一切努力减少桶的晃动。每天检查母鸡喂食装置是否有损坏、移位或间隔。种鸡采食的几小时内，特别注意适当的通风，采食过程中，周边的设备温度将上升4℃左右。在炎热的季节，应特别安装辅助风扇或将温度传感器移至该区域以便进行更密切的监测。

饲喂设备

★百度图库，网址链接：https://image.baidu.com/search/detail

（编撰人：莫嘉嗣，漆海霞；审核人：闫国琦）

88. 自动喂料机如何维修保养？

（1）当喂料机运转时，最好不要放任何东西在上面。否则很容易使电机承受太大的压力，烧毁电机。

（2）检查皮带是否完好无损。送料机通过皮带传动，只有皮带正常才能充分发挥机器的生产性能，作业数量达到最大。

（3）因为送料机的各个部分都是齿轮和链条控制，所以必须使齿轮和链条确保最大的润滑程度，这样才不会因为机器缺乏润滑而损坏。

（4）因为饲料生产会产生大量的灰尘，将使给料机控制箱积累很多灰尘，灰尘会使内部电路短路，损坏电路和其他组件，因此每隔一段时间清理控制箱污垢。

（5）给料机的主要动力是电机，电机有动力电机和减速电机（由于电机转速非常高，所以在输送功率时需要减速电机）。使用时检查动力电机和减速电机是否异常。电动机应适时维护，如在减速机齿轮上加上齿轮油等。

（编撰人：莫嘉嗣，漆海霞；审核人：闫国琦）

养猪机械使用维护关键技术问答

89. 什么是干料自动输送系统?

干料自动输送系统的工艺流程为:饲料厂→散装饲料车→饲料塔→管道输送结构→固定计量管(进料管)→干湿料箱。饲料自动输送系统主要由散装饲料车、饲料塔、管道输送器、固定计量管(或进料管)和进料箱(或干湿料箱)组成。饲料厂对饲料进行加工,直接装入散装饲料车,散装饲料车将饲料加入饲料塔,再通过管道输送至固定计量管,然后落入进料箱或干湿料箱中,是一个完全封闭的输送过程。

干料自动输送系统

★百度图库,网址链接:https://image.baidu.com/search/detail

(编撰人:莫嘉嗣,漆海霞;审核人:闫国琦)

90. 养猪场干料输送系统的特点是什么?

干料输送系统可以将饲料塔中的饲料直接输送至每一个猪群的进料箱,实现每个猪群的时间定量或自由采集。干料输送系统机械的主要优点是:①在饲料处理过程中可以减少浪费和污染。②不用包装和处理饲料。③保持饲料新鲜。④同时喂养,大大减轻了母猪单产的压力;机械化程度高,节省了大量劳动力(1万头的养猪场可以节省4~5个饲养员)。但干料输送系统一次性投资高(100万头的猪场中约100万元)。目前国内的干料运输机械生产技术已经成熟,价格比进口低30%左右。

干料自动输送系统有很多作用：第一，保证猪可以吃新鲜的饲料。人工把饲料装进猪场需要打开袋子，搅拌，这个袋子重复使用，很容易传播疾病。干料系统可以将散装饲料装进给料车。在饲料塔搅拌后，直接输送到养猪场，不仅安全卫生，而且降低了成本。100万头的养猪场，一年仅饲料包装袋就可以节省10万元。第二，密封好，避免老鼠偷食，减少浪费。第三，节省劳动力。生产环节的劳动强度主要为饲料运输和粪便处理，占了猪场劳动总量的70%左右。

干料输送系统

★百度图库，网址链接：https://image.baidu.com/search/detail

（编撰人：莫嘉嗣，漆海霞；审核人：闫国琦）

91. 干料输送系统的作用是什么？

（1）养猪场的运料和喂料的人工劳动量较高，占劳动总量的30%~40%。干料自动输送系统机械化程度高，节省人力，用干式自动输送系统输送1万头猪的饲料，可减少4~5个劳动力，每年可节省15万~20万元的工资。随着经济的发展，饲养员的工资很高，但很难招聘到。即使招聘到饲养员也很难留住，流动性很大，这是一个全国性的问题。

（2）如果使用传统的喂养方法，饲料先打包，运到猪舍后再拆包放料，不仅劳动力成本高，而且饲料袋的成本也很大，一个万头猪场，一年消费约4 000t饲料，如果每袋装40kg，每年要用10万个，而且饲料袋在每个养猪场重复使用，很容易传染疾病。

（3）应用干料自动输送系统，饲料工厂加工后，大量的饲料通过饲料塔、管道、量筒、下料管直到饲料槽，整个过程处在一个封闭的状态，猪在任何时候都可以吃到新鲜的饲料，饲料不会受到外界的污染。

（4）由于饲料没有经过打包和拆包，是在封闭状态下运输，因此可以大大减少泄漏损失。

（5）怀孕母猪与其他母猪同时喂养变为可能，大大减轻了母猪应激性和嚎叫的压力。1万头的养猪场的自动喂养系统约80万元（不含饲料容器），又能减少人工和饲料包装，可在2～3年收回投资。此外，由于饲料的减少和饲料污染的减少，大量的饲料车不需要进入市场，这些都有利于防疫。

干料自动输送系统，几年前是只有少数养猪场采用的进口设备，但由于国产化模式日趋成熟，具有较高的性价比，因此近年来在新老和大中型养猪场迅速推广。

干料输送系统

★百度图库，网址链接：https://image.baidu.com/search/detail

（编撰人：莫嘉嗣，漆海霞；审核人：闫国琦）

92. 散装饲料车如何向饲料塔加料？

散装饲料车向饲料塔加料主要有以下2种形式。

（1）场内运行加料。如果养猪场有自己的饲料厂，可以将饲料粉碎加工成散装饲料（粉状或粒状物料），通过散装饲料车直接添加到猪场饲料塔中。散装饲料车只在田间运行，饲料塔通常设置在养猪场主要道路两侧，以使散装饲料车集中。这是一个良好的设计工艺，以避免散装饲料车进出引起的麻烦，因为散装饲料车的进出给养猪场带来疾病并不罕见。

（2）场外运行加料。如果饲料工厂在外地，或离养猪场更远，这时散装饲料卡车可以用来运行加料。为了实现这一目标，在规划和设计养猪场时，猪舍的饲料塔应在猪栏的一侧设计，散装饲料车装运的饲料可以通过墙壁中管道输送到饲料塔中。许多欧洲养猪场在20世纪80年代早期就应用了这个设计，只要将每个饲料塔的加料计划告诉饲料厂，饲料厂即可按计划给各个饲料塔加料，每月结算一次，安全、方便、可靠。近年来，我国许多新型养猪场都采用了这种设计，并且取得了很好的实践效果。

对一些老猪场新增加干料自动输送系统也可采用场外运行加料方法，先利用散装饲料车将饲料运送到饲料储存塔中，然后再利用管道输送机构将储存塔中的饲料输送至猪舍的饲料槽中。

利用散装饲料车实现场外运行加料，是避免外来饲料车和驾驶员进场的最有效措施。

散装饲料车

★百度图库，网址链接：https://image.baidu.com/search/detail

（编撰人：莫嘉嗣，漆海霞；审核人：闫国琦）

93. 干料输送系统的饲料塔有哪几种类型？

饲料塔主要用于饲料的储存和进出，根据制造材料分类，主要包括玻璃钢饲料塔、塑料饲料塔和镀锌钢板饲料塔。饲料塔的容量一般设计为2～3d的饲料。时间太短，增加喂养工作。时间太长，饲料不够新鲜。根据养猪场的日常所需饲料体积的大小，选择饲料塔的体积。普通饲料塔体积是2.5t、4t、5.5t和7.5t等。饲料塔通常是在猪圈外的户外环境，需要有良好的耐候性能、耐腐蚀性能和密封性能，保温性能好，以免影响饲料质量。

（1）玻璃钢饲料塔耐风雨，耐腐蚀，具有良好的保温性能，结构简单，组装方便，经久耐用。玻璃钢饲料塔中的饲料不会由于昼夜温差暴露在露水中而轻易变质。由于性能良好，玻璃钢饲料塔目前在养猪场中应用广泛。

玻璃钢饲料塔　　　　　　　　镀锌钢板饲料塔

★百度图库，网址链接：https://image.baidu.com/search/detail
★慧聪360网，网址链接：https://b2b.hc360.com/supplyself.html

（2）塑料饲料塔较轻，运输和安装方便，表面光滑，下料更光滑，成本更低。然而，其在养猪场的使用寿命不长。

（3）镀锌钢板饲料塔轻、易运输，但保温效果差，由于连接螺栓数量众多，易发生渗水。镀锌钢板饲料塔在早期的养猪场中应用较多，但随着玻璃钢饲料塔的兴起，镀锌钢板饲料塔逐渐被淘汰。

（编撰人：莫嘉嗣，漆海霞；审核人：闫国琦）

94. 干料输送系统的管道运输结构有哪几种类型？

管道运输机构主要有两类：索盘式输送机构和螺旋搅龙输送机构。

（1）索盘式输送机构包括接料器、驱动装置、输送管、索盘、角切刀和定量筒。索盘式输送机构最大的优点是它可以迂回输送。输送距离可达300m，但结构较为复杂。在索盘式输送机构中，索盘的质量是非常重要的。现在最常用的是在不锈钢索上等距离铸入一个塑料圆盘，圆盘和钢索用钢钉连接，以确保可靠和耐用。驱动装置拉出索盘，通过塑料圆盘输送管道中的饲料。

（2）螺旋搅龙输送机构主要由接料器、驱动器、螺旋搅龙和管道组成。螺旋搅龙输送机构结构简单，成本低，但只能直线输送、传动，且仅输送到单列式和双列式猪舍，输送距离较短，一般不超过100m，噪声较大，对颗粒物料运输有一定破碎作用。螺旋搅龙输送机构在单列式或双列式的生长舍和育成舍中应用较多。

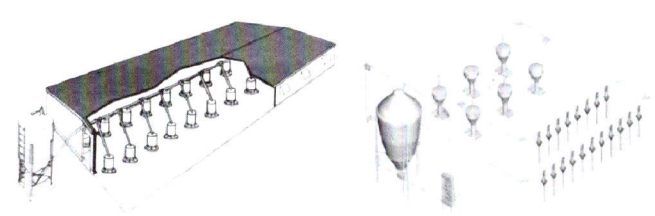

螺旋搅龙输送机　　　索盘式输送机

★中国畜牧业信息网，网址链接：http://www.caaa.cn/show/newsarticle

（编撰人：莫嘉嗣，漆海霞；审核人：闫国琦）

95. 干料输送系统定量筒的作用是什么？

定量筒与管道输送机构连接，是一个定量容器，主要用于怀孕母猪和分娩母猪饲养，饲养者可根据母猪生长状况调节每日饲料的饲喂量，饲料量相对准确。此外，固定的量筒，通过运行机制可以同时饲喂猪舍中的母猪，大大减少了母猪等待饲喂的嚎叫应激，如果是人工喂养，一个猪舍400头母猪，饲喂时间超过半个小时，没有吃到饲料的猪一直发出叫声，猪舍中母猪的应激性是非常大的。

定量筒

★百度图库，网址链接：https://image.baidu.com/search/detail

（编撰人：莫嘉嗣，漆海霞；审核人：闫国琦）

96. 养猪场液态料输送机的特点是什么？

液态料输送机主要结构包括液体容器、干料塔、干料送料器、酸碱清洗水罐、电子称重系统、饲料搅拌槽、送料泵、输送管路、电子排料阀和计算机控制系统等。主要优点如下。

（1）适应性好，饲料转化率可提高5%～12%，降低饲料成本。

（2）无粉尘污染，减少猪呼吸系统疾病。

（3）可以充分利用各种湿料和液体饲料，如食品厂、酿酒厂的下脚料和酒精。然而，液态输送机需要一大笔一次性投资（在一个养猪场投资约150万元），这需要更高的管理水平。目前，所有的液态输送机都没有国产产品。

采用液态料自动输送系统，有效地解决了招工难、饲料浪费严重等问题，大大提高了农业节约效率，同时提高了饲喂效果，值得重视和积极实践。因此，国内大型养猪场必须投入液态料输送系统的使用中，或将干料系统改造成液态料输送系统。

液态料罐

★慧聪360网，网址链接：http://b2b.hc360.com/supplyself/559580187.html

（编撰人：莫嘉嗣，漆海霞；审核人：闫国琦）

97. 微雾加湿消毒系统是什么？

微雾加湿消毒系统是应用精确过滤的水通过专用泵加压到 $50\sim120kg/cm^2$ 的压力状态，然后通过专利技术和防滴水设计特殊旋转喷嘴产生 $0\sim60\mu m$ 的水雾粒子，并利用自动控制的原理（如更多的区域控制、定时控制、温度控制和湿度控制等），准确地实现室内环境杀菌、湿化、防尘和除臭等。

将常温的水通过相应的过滤处理，去除水中的杂质和有害元素，通过特制的喷嘴呈180°或360°全面喷雾，均匀迅速地在扩散于空气中。微雾喷嘴具有防漏功能，防止喷嘴滴水影响使用。微雾系统可以充分利用资源，根据调节控制系统达到最佳效果。系统特点如下。

（1）冷却。采用蒸发冷却效果和合理的空间管道布置，改善空间温度的调节，快速有效地达到降温效果，并且不会打湿地表面。

（2）消毒。快速、全面地进行空气雾化和室内消毒，无死角且避免液体药物渗漏，有效地预防疾病发生。

（3）加湿。增加空间的湿度，使猪呼吸更顺畅、皮肤更清洁，同时灰尘也可以被清除。

（4）除尘。微雾产生丰富的负离子能有效净化空气，改善空气质量，促进局部生态平衡。

（5）景观。细小的微粒漂浮在空气中，形成白色的自然雾，形成雾云和朦胧的景观。

微雾加湿消毒系统

★百度图库，网址链接：https://image.baidu.com/search/detail

（编撰人：莫嘉嗣，漆海霞；审核人：闫国琦）

98. 猪场常用的自动饮水装置有哪几种？

传统的养猪场通常将水定期添加到食槽以满足猪饮水的需要。但是这种喂水方式是不卫生和浪费的。为了确保猪在任何时候都能喝到干净的水，现代养猪场使用自动饮水装置。该设备只需要在养猪场的饮用水区域，安装在适当的高度。自动饮水装置有3种，即鸭嘴式、乳头式和杯式。

（1）鸭嘴饮水装置。它的形状就像鸭子的嘴。主要由阀体、阀杆、弹簧、密封圈和塞盖组成。当猪喝水的时候，咬开阀杆，使阀杆偏斜，水通过密封垫的缝隙沿鸭嘴的尖端流入猪的口腔。当猪松开阀杆时，弹簧将阀杆拉回正常位置，密封圈和塞盖关闭喷嘴，停止供水。鸭嘴自动饮水装置重量轻，性能好，节水，所以在许多养猪场中广泛使用。

（2）乳头式饮水装置。因其端部有乳头状阀杆而得名。它主要由阀体、阀杆、钢球和滤网组成。当猪喝水的时候，用嘴拱动阀杆使其向上移动将钢球顶起，然后水会沿着钢球与阀体和阀杆之间的间隙流入猪的口腔。当猪不喝水的时候，它会以球本身的重量和水的压力关闭出水口，停止供水。乳头型饮水装置可通过沉淀物和其他杂质，密封性很差。为了避免杂质进入，密封球与阀体之间添加了滤网，确保密封，以防止水泄漏。

（3）杯式饮水装置。它的形状像一个杯子。主要由杯体、阀体、阀杆、弹簧、出口压力板、密封圈等组成。当猪拱起水压板时，出口压力板导致阀杆收缩，水从阀体与阀杆之间的间隙流出，以供猪饮用。当猪停止拱起水压板时，阀杆在弹簧作用下复位，在供水核心和阀杆之间没有间隙。水被切断，供水中断。

杯式自动饮水装置，弹簧易损坏，有时密封表面含有杂质如粉沙，导致渗漏，造成猪床和室内湿气加重，此时应及时更换垫片和弹簧或去除杂质以排除故障。

鸭嘴式饮水装置　　乳头式饮水装置　　杯式饮水装置

★百度图库，网址链接：https://image.baidu.com/search/detail

（编撰人：莫嘉嗣，漆海霞；审核人：闫国琦）

99. 如何控制猪场自动饮水装置的水流量？

（1）哺乳母猪和水流量。哺乳母猪需要大量的水来产奶，与其他成猪相比，哺乳母猪饮水需求较大。常因饮水装置水流量的短缺，容易导致母猪缺水，导致哺乳期产奶量下降，并诱发母猪子宫内膜炎、乳腺炎和无乳综合征等。限制水流量会减少母猪的饮水量，而母猪则需要减少干饲料摄入以维持体内水量。然而，在哺乳期，母猪摄入饲料的减少会直接导致营养摄入不足。试验发现，采用喷嘴的方式每天供水量只有5.2L，而在猪舍饲槽上方安装水龙头，在饲喂时将水滴入槽内，结果每头猪的每天用水量增加到27.8L，为未安装水龙头的5倍。由此可见，管理哺乳母猪的饮水量的一般原则是最大限度地增加哺乳母猪的饮水量。

（2）哺乳仔猪和水流量。试验结果表明，哺乳母猪通过降低其重量来保护仔猪，而仔猪的生产性能没有受到影响。美国专家建议的吸盘水流速为300mL/min，德国专家推荐450～550mL/min。

（3）断奶仔猪和水流量。乳头型饮水装置流量从175mL/min增加到350mL/min，可显著改善断新断奶仔猪的采食量和生长速度，但当饮水量为700mL/min和450mL/min时，饲料摄入量和生长速率无显著影响。

（4）小猪（10～35kg）和水流量。水流量标准为1.5L/min。

（5）中猪、大猪和水流量。研究表明，中猪（35～75kg）和大猪（75～100kg）的水流量标准为2L/min。

不锈钢猪饮水嘴

★慧聪360网，网址链接：https://b2b.hc360.com/supplyself/.html

（编撰人：莫嘉嗣，漆海霞；审核人：闫国琦）

100. 如何设计猪场饮水装置的安装高度与角度？

在实际生产中，猪场饮水装置的高度和安装角度不合理，不仅会造成水资源的浪费，而且接触水源的行为仅限于猪，造成猪的实际饮水量低于需水量，应确保所有猪都能自由接触饮用水。试验研究提出了不同阶段饮水机的高度标准：哺乳仔猪，饮水装置的高度为10～15cm；断奶仔猪（5～10kg），饮水装置的高度为15～25cm；小猪（10～35kg），饮水装置高度为33～45cm；中猪（35～75kg），饮水装置高度为45～60cm；大猪（75～100kg），饮水装置的高度为60～70cm；后备母猪，饮水装置的高度为60cm；公猪、配种妊娠母猪、哺乳母猪，饮水装置高度为80cm。而加拿大的研究人员认为，饮水装置的高度优化应考虑猪的肩背高度，加拿大猪中心提出了推荐性标准乳头型饮水装置的安装高度：怀孕母猪，乳头阀门端口应距地面70～90cm；乳猪，乳头阀门端口应距地面75～90cm；乳猪饮水装置的乳头阀门端口应距地面10～15cm。乳头或饮水装置安装高度的推荐值见下表。

表　乳头式饮水装置安装高度的推荐值

生长阶段	体重（kg）	乳头式饮水装置	
		高度（与墙成45°角）	高度（与墙成90°角）
保育期	5	30	25
保育期	7	35	30
生长期	15	45	35

（续表）

生长阶段	体重（kg）	乳头式饮水装置	
		高度（与墙成45°角）	高度（与墙成90°角）
生长期	20	50	40
生长期	25	55	45
生长期	30	65	55

★黄页88网，网址链接：http://www.huangye88.com/product/.html

（编撰人：莫嘉嗣，漆海霞；审核人：闫国琦）

101. 如何设计养猪场饮水装置的数量？

在实际生产中，单独饲养生猪（如公猪、哺乳母猪和妊娠母猪等），考虑每一个猪圈安装1个饮水装置。哺乳母猪可以考虑在猪舍安装1个水龙头，以便直接将水滴入饲料槽内，增加其水量。研究表明，对一群猪来说，每4~6头猪应该有1个饮水装置，这是出于防止打斗争抢等因素的考虑。1991年，英国制定了牲畜福利的推荐标准，建议每10头猪在干料饲喂的情况下共用1个饮水装置。然而，一些育种者认为，每20头猪共用1个饮水装置并没有明显的问题。据报道，每一猪圈养16头断奶仔猪（3~4周）共用1个饮水装置，每天平均增重略低于多1个乳头型饮水装置时的增重量。与此同时，建议在10头以上仔猪的保育房屋及15~20头育肥猪的育肥房屋内安装至少2个饮水装置。

饮水装置

★百度图库，网址链接：https://image.baidu.com/search/detail

（编撰人：莫嘉嗣，漆海霞；审核人：闫国琦）

102. 什么是养猪场高床保育栏？

仔猪保育是养猪业的关键环节，有试验表明，仔猪保育期末体重每增加

1kg，出栏体重就可增加2kg。而猪是恒温动物对温度极其敏感，保育舍的温度要求达到22～30℃，相对湿度50%～80%，因此，保育栏一定要为仔猪提供一个清洁、干燥、温暖、空气新鲜的生长环境。高床保育栏远离地面，脱离了地面的潮湿和低温，粪便随时通过网栏漏到网下粪沟中，保持了网上清洁、干燥，使仔猪避免粪便污染，减少疾病发生，大大提高了仔猪的成活率。据调查，这些年市场上和当地部分规模养猪场使用的很多高床保育栏尽管外形美观，但产品耐用性差，部分产品设计不合理，给保温、清粪、转栏和管理等带来很多不便，并且购买和使用成本偏高（大部分设备利用电热取暖）。为此，当地近年来新建的规模养猪场多采用自行设置高床保育栏。这种高床保育栏床面是金属和水泥混合结构，水泥床内安装地暖系统，热量在混凝土中集蓄，通过热辐射形式缓慢均匀释放，从而达到下暖上凉的最佳采暖效果。实践证明这种床栏保育仔猪效果理想，可供冬季比较寒冷地区的养猪场借鉴使用。

保育栏

★百度图库，网址链接：https://image.baidu.com/search/detail

（编撰人：莫嘉嗣，漆海霞；审核人：闫国琦）

103.养猪场高床保育栏如何进行合理运用？

（1）床栏清洁消毒。建成后的床栏，先用高压水枪冲洗去污，然后用强消毒剂（如漂白粉、NaOH溶液、福尔马林等）喷洒消毒，空栏1周后接纳仔猪。

（2）仔猪调教定位。调教仔猪在高位漏缝网床上排便、饮水，为了帮助仔猪尽快找到饮水器的位置，初期可将乳头饮水器卡住，常流几小时。调教仔猪在高位保育床上采食、睡眠，这种设备一般采用床面饲喂，在"少量多次"的原则下，一方面采食面大，另一方面天气寒冷时，饲料在床面上吸收热量后，适口性增加，促进食欲，并能有效预防和减少胃肠系统疾病；床面温度均匀，没有死角，仔猪随意休息睡眠，可以避免因挤压、堆叠造成仔猪伤亡现象的发生。实践证明，仔猪饲养在这种清洁、干燥的环境里，吃得好睡得香，健康发育生长，保育成活率能达到98%以上。

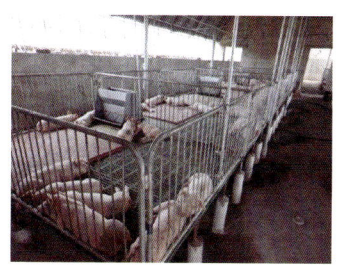

保育栏

★慧聪360网，网址链接：http://b2b.hc360.com/viewPics/supplyself.html

（编撰人：莫嘉嗣，漆海霞；审核人：闫国琦）

104. 如何设置养猪场的通风设备？

为了排除猪舍内的有害气体，降低舍内的温度和局部调节温度，一定要进行通风换气，换气量应根据舍内的二氧化碳或水汽含量来计算。

（1）是否采用机械通风，可依据猪场具体情况来确定。对于猪舍面积小、跨度不大、门窗较多的猪场，为节约能源，可利用自然通风；如果猪舍空间大、跨度大、猪的密度高，特别是采用水冲粪或水泡粪的全漏缝或半漏缝地板养猪场，一定要采用机械强制通风。

（2）通风机配置的方案较多，其中常用的有以下几种。侧进（机械），上排（自然）通风；上进（自然），下排（机械）通风；机械进风（舍内进），地下排风和自然排风；纵向通风，一端进风（自然）一端排风（机械）。

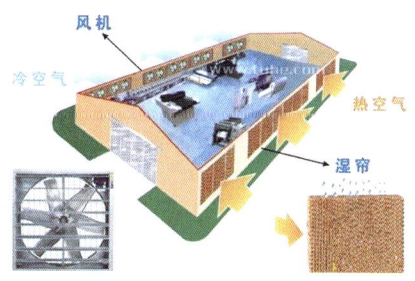

通风示意图

★猪e网，网址链接：http://bbs.zhue.com.cn/article-127900-1.html

（3）无论采用哪种通风方案，都应注意以下几点。一是避免风机通风短路，必要时导流板应引导流向，切不可把轴流风机设置在墙上，下边即是通气门，使气流形成短路，这样既空耗电能，又无助于舍内换气；二是如果采用单侧排风，应将两侧相邻猪舍的排风口设在相对的一侧，以避免一个猪舍排出的浊气被另一个猪舍立即吸入；三是尽量使气流在猪舍内大部空间通过，特别是粪沟上不要造成死角，以达到换气的目的。

（编撰人：莫嘉嗣，漆海霞；审核人：闫国琦）

105. 轴流通风机的原理是什么？

当轴流通风机开始工作时，气体从进风口轴向进入叶轮，受到旋转叶轮上叶片的推挤而使气体的能量升高，然后流入导叶。偏转气流在导叶的作用下变为轴向流动，同时将气体导入扩压管，进一步将气体动能转换为压力能，最后引入工作管路。

轴流式风机叶片的工作方式与飞机的机翼类似。不同之处在于前者是固定位置并使空气移动；而后者是将升力向上作用于机翼上并支撑飞机的重量。

轴流式风机的横截面一般为翼剖面，叶片可以固定位置，也可以围绕其纵轴旋转。叶片与气流的角度或者叶片间距可以是可调或者固定式。改变叶片角度或间距是轴流式风机的主要优势之一。小叶片间距角度产生较低的流量，而增加间距则可产生较高的流量。

先进的轴流式风机能够在风机运转时改变叶片间距（这与直升机旋翼颇为相似），从而相应地改变流量，这称为动叶可调轴流式风机。

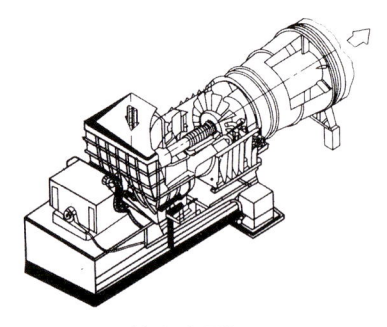

轴流式风机

★百度图库，网址链接：https://image.baidu.com/search/detail

（编撰人：莫嘉嗣，漆海霞；审核人：闫国琦）

106. 养猪场的轴流风机的特点是什么？

轴流风机是目前市场上最常用的一种通风、送风设备，之所以称为"轴流式"，是因为气体平行于风机轴流动，就是与风叶的轴同方向的气流，如电风扇、空调外机风扇就是轴流方式运行风机。轴流式风机通常用在流量要求较高而压力要求较低的场合。轴流式风机固定位置并使空气移动。轴流通风机具有以下4个特点。

（1）轴流风机本身结构简单，安全可靠。

（2）轴流风机工作时噪声较小，对周边环境造成噪声污染比较低。

（3）轴流风机安装方便，一般轴流风机体积较小，安装材料不多，安装难度和强度都比较低，一般电工和工程施工人员均可安装。

（4）轴流风机的通风换气效果明显，操作安全，可以通过风筒把风送到指定的区域。

风机

★百度图库，网址链接：https://image.baidu.com/search/detail

（编撰人：莫嘉嗣，漆海霞；审核人：闫国琦）

107. 如何正确选择轴流风机？

（1）应优先选择机号较小、调节范围较大、效率较高的风机，当然还应加以比较，权衡利弊而决定。

（2）在选择轴流风机前，应了解国内轴流风机的生产和产品质量情况，如生产的轴流风机品种、规格和各种产品的特殊用途，新产品的发展和推广情况等，还应把环保要求考虑在内，以便择优选用风机。

（3）在选择轴流风机时，应尽量避免采用轴流风机串联或并联工作。当不可避免时，应选择同型号、同性能的轴流风机联合工作。当采用串联时，第一级轴流风机到第二级轴流风机之间应有一定的管路联结。

（4）对有消声要求的通风系统，应首先选择效率高、叶轮圆周速度低的轴流风机，且使其在最高效率点工作；还应根据通风系统产生的噪声和振动的传播方式，采取相应的消声和减振措施。轴流风机和电动机的减振措施，一般可采用减振基础，如弹簧减振器或橡胶减振器等。

（5）选择离心式轴流风机时，当其配用的电机功率小于或等于75kW时，可不装设仅为启动用的阀门。当排送高温烟气或空气而选择离心锅炉引风机时，应设启动用的阀门，以防冷态运转时造成过载。

（6）根据轴流风机输送气体的物理、化学性质的不同，选择不同用途的轴流风机。如输送有爆炸和易燃气体的应选防爆轴流风机；排尘或输送煤粉的应选择排尘或煤粉轴流风机；输送有腐蚀性气体的应选择防腐轴流风机；在高温场合下工作或输送高温气体的应选择高温轴流风机等。

防爆轴流风机

★百度图库，网址链接：https://image.baidu.com/search/detail

（编撰人：莫嘉嗣，漆海霞；审核人：闫国琦）

108. 轴流风机如何安装与调试？

（1）轴流风机的安装。

①轴流风机卧地式安装。将减振器通过连接螺栓固定于风机机座，用中心高调整垫板调节各减振器水平高度，用固定螺栓将风机固于已焊接在基础上的连接钢板上，如风机由于抗震等原因无需减振器，则将风机机座上的螺孔与基础上的预埋螺栓直接连接即可。

②侧墙卧式安装。风机安装的基本要求与卧地式安装相同，只是安装托架做成斜臂支撑式，托架要有足够的强度和刚度，10#以上风机不宜采用此种安装方式。

③悬挂式安装。先将减振器与风机用螺栓连接成一体，减振器对称安装，布置于风机重心两侧，直接将风机提升插入安装于悬挂支架，悬挂支架的高度，视实际空间距离由用户自定，16#以上风机一般不采用此种安装形式。

④立式安装。风机立式安装方法与卧地式安装一致，对风机基础的强度与刚度要求更严格。

⑤风机与两端管道的连接必须采用挠性接头，以隔离振动和保护风机。

（2）轴流风机的调试。

①轴流风机安置完毕后，在启动前应检查风机转动的灵活性，用手拨动叶片是否有卡壳摩擦现象。检查风机及相邻管道内是否有遗留东西和别的杂物。

②检查管道内的风门是否处于开启状态。

③人员应远离风机。

④启动风机，检查扇叶转向是否与旋转标志标记的相符合，在检查合格后，试运行10～30min后停止，检查叶片有无松动现象，减振座与底子连接螺栓有无松动，一切正常后，才正式启动，投入运行。

轴流风机

★百度图库，网址链接：https://image.baidu.com/search/detail

（编撰人：莫嘉嗣，漆海霞；审核人：闫国琦）

109. 轴流风机如何进行维护和保养？

（1）使用环境应经常保持整洁，风机表面保持清洁，进、出风口不应有杂物，定期清除风机及管道内的灰尘等杂物。

（2）只能在风机完全正常情况下方可运转，同时要保证供电设施容量充足，电压稳定，严禁缺相运行，供电线路必须为专用线路，不应长期用临时线路供电，最好有电路保护装置，比如安装缺相保护开关、漏电开关等。

（3）轴流风机在运行过程中发现风机有异常噪声、电机严重发热、外壳带电、开关跳闸、不能启动等现象，应立即停机检查。为了保证安全，不允许在风机运行中进行维修，检修后应进行试运转5min左右，确认无异常现象再开机运转。

（4）根据使用环境条件下不定期对轴承补充或更换润滑脂（电机封闭轴承在使用寿命期内不必更换润滑油脂），为保证风机在运行过程中良好的润滑，加油次数不少于1 000h/次，封闭轴承和电机轴承，用润滑油脂填充轴承内外圈的1/3，严禁缺油运转。

（5）轴流风机应贮存在干燥的环境中，避免电机受潮。轴流风机在露天存放时，应有防御措施。在贮存与搬运过程中应防止风机磕碰，以免风机受到损伤。

（编撰人：莫嘉嗣，漆海霞；审核人：闫国琦）

110. 养猪场一般如何进行降温？

（1）使用喷雾降温系统。在猪舍内安装喷雾降温系统，此系统由负压风机、高压水管、雾化喷头、小水泵、定时器、储水罐或小型蓄水池组成，适合为妊娠舍母猪降温。该系统是将水雾化为细小的雾珠均匀地滴落在母猪身上，通过体表蒸发散热，热量随空气排到舍外。定时器一般控制为：喷雾10min停10min。

（2）使用滴水降温系统。安装由负压风机、常压水管、滴水器及控制阀门组成的滴水降温系统，适合产房母猪和肥育舍育肥猪降温。对产房母猪，将水滴在母猪的颈肩部，猪通过蒸发散热。在肥育舍，滴水时，猪群会围绕滴水戏耍，猪栏内局部温度逐渐下降，猪群热应激状态逐渐缓解而安静休息。肥育舍一般不需要负压风机。

（3）使用降温湿帘加风机降温系统。安装由负压风机、小水泵、冷水闭路循环及湿帘组成的负压风机加降温湿帘系统，一般将负压风机、湿帘分别对应安装在猪舍两端的山墙或前后墙上，湿帘外的热空气通过有冷水循环的湿帘后转化为凉空气进入猪舍，一段时间后关闭湿帘，待猪舍内温度升高后，开启另一端的风机将热空气抽出，以降低舍内温度。适合于公猪舍、妊娠舍及产房的降温。

喷雾降温系统

滴水降温系统

降温湿帘风机降温系统

★百度图库，网址链接：https://image.baidu.com/search/detail

（编撰人：莫嘉嗣，漆海霞；审核人：闫国琦）

111. 湿帘降温系统如何选用与安装？

（1）湿帘规格。湿帘的规格一般可以分为波纹高度、波纹夹角、蜂窝孔径、湿帘厚度4个指标。

①波纹高度一般有50mm、70mm两种规格。

②波纹夹角一般有90°（45°+45°，30°+60°）和60°（45°+15°）两种规格。

③蜂窝孔径一般5mm、7mm、9mm 3种规格最常用。

④湿帘厚度一般有100mm、150mm和200mm 3种规格。

湿帘的面积则是任意的，但一般为了保证湿帘整体强度，一般不超过2m高、4m宽。猪场应用较多的是波纹高度70mm、波纹夹角90°、厚度100mm或150mm规格的湿帘。

（2）影响湿帘工作效率的因素。

①风速。一般情况下，湿帘越厚，需要的风速越大。100mm厚的湿帘，风速在1.5m/s合适，增加到150mm时，就要增加风速到1.8m/s。

②湿帘夹角。以45°+45°的分配角度比30°+30°的分配角度效率更高。

③湿帘厚度。湿帘越厚，储水量越多，也越能体现工作效率。但是厚湿帘需要更大功率的风机，所以需要从成本考虑和猪舍需求考虑。

④猪舍结构。猪舍在使用湿帘降温的时候，一般需要密闭负压的环境，尽量减少其他热量的传入。另外，猪舍风机和湿帘之间的距离不能过长，50m的猪舍，风机到湿帘的温差就能达到4~7℃。

（3）湿帘降温系统的安装。湿帘降温系统关闭时纸质湿帘下部应是干燥的，以免造成藻类滋生，缩短纸质湿帘寿命。所以应尽量选大的排水槽，并使水尽快排到集水箱，同时，集水箱要尽量选择不透光的材料，减少藻类滋生。

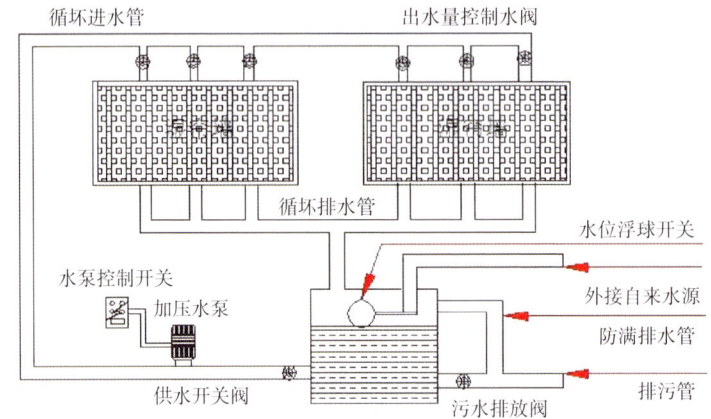

湿帘降温系统

★百度图库，网址链接：https://image.baidu.com/search/detail

（编撰人：莫嘉嗣，漆海霞；审核人：闫国琦）

112. 湿帘降温系统如何进行维护？

（1）水质。湿帘降温系统对于水质的要求不能忽视，湿帘降温使用质量较差的水，会缩短水帘的使用寿命，并且如果造成沉淀和堵塞，会影响降温效果。运行过程中要定期排水，水质达标的情况下，每次排10%左右即可，并且每周要对水箱和供排水管道进行清洁。

（2）遮阳防护。湿帘在使用过程中要加装遮阳板或者遮阳纱网。首先，防止阳光直晒，对湿帘的损伤和对水分的不必要蒸发，增加湿帘的使用年限和工作效率。其次，使用遮阳板和遮阳纱网，也可以减少灰尘、柳絮等对湿帘的堵塞，防止湿帘直接淋浴，而缩短使用寿命。

（3）运行设置。室内气温28℃以下不要使用湿帘，不要让湿帘间歇启动（尤其是间隔时间过短），这样会让矿物质在湿帘上沉积并降低降温效率。如果湿帘用于密闭环境，且长期处于潮湿状态，会很快产生异味并导致藻类和细菌在湿帘上的滋生。夜晚不用湿帘的时候，应关闭供水系统，让风机继续运行30min以上，晾干湿帘。

（4）湿帘清洁。湿帘表面的水垢和藻类物清除。在彻底晾干湿帘后，用软毛刷上下轻刷，避免横刷（可先刷一部分，检验一下该湿帘是否经得起刷），然后只启动供水系统，冲洗湿帘表面的水垢和藻类物（避免用蒸汽或高压水冲洗湿帘）。冲洗的过程中可以先用清洁剂，然后再用清水冲洗。等湿帘上的水垢和藻类被清洁干净后再关掉进水管和水泵，对水泵的滤网和水管进行清洁。

（5）防止鼠患。老鼠对湿帘有很强的破坏作用，如果被老鼠钻进湿帘中，由于蜂窝状的结构便于打洞，就会留下一个个直径在3～5cm的孔洞。直接降低了湿帘的使用寿命，而且也对其储水降温的能力造成巨大的影响。因此，要在安装湿帘时考虑防止老鼠等啮齿类动物噬咬的工作。如在不使用湿帘的季节，在湿帘上安装防护网；农场内部及周边做好防鼠驱鼠的工作，从而保护湿帘不被破坏。

湿帘降温系统

★搜狐网，网址链接：http://www.sohu.com

（编撰人：莫嘉嗣，漆海霞；审核人：闫国琦）

113. 什么是湿帘冷风机？

湿帘冷风机顾名思义，就是风机、水帘的结合物，降温和换气两不误。"湿帘风机"的横纵向通风增湿降温组合是既经济、又环保的夏季降温措施。安装风机和水帘这种新型厂房通风降温设备经济实用，安装这种设备既可通风又能降温，效果非常的不错，而且投资和日常运行费用都不高，分别为安装一般空调的1/2和1/8。

湿帘冷风机（又称环保空调、节能环保空调、冷风机、冷气机，水雾冷气机、水冷空调和通风降温）是一种集降温、净化、换气、防尘、除味于一身的蒸发式降温换气机组。环保空调除了可以为企业车间、公共场所、商业娱乐场合带来新鲜空气和降低温度之外，还有一个重要特点——节能、环保。它是一款全新无压缩机、无冷媒、无铜管的环保产品，能为各行业更实在的省电，是国家倡导的节能产品。

湿帘风机

★百度图库，网址链接：https://image.baidu.com/search/detail

（编撰人：莫嘉嗣，漆海霞；审核人：闫国琦）

114. 如何选购湿帘冷风机？

（1）看外观。外观越光洁、漂亮的产品，其使用的模具精度就越高。因此在选购时候，可以用手触摸设备外壳，感觉是否存在擦碰伤口、表面不平整、变形等现象；或是否存在色料分布不均匀，有斑点、气雾、气泡等瑕疵；除使用塑胶外壳外，不锈钢也是优良选材之一。

（2）看工艺。在选购产品时，可以看各结合处是否连接严密，使用的螺丝、按钮等小部件制作是否细腻、安装是否紧密、接触是否良好等。如果连这些最起码的部件都存在问题，那内部关键部件质量就可想而知了。

（3）看部件。整机是由各零部件精密组合而成的，零部件的优劣直接关系到设备使用寿命和效果。因此，看主要配件是整个选择过程中最重要的一环。

（4）最好的产品，也不可能永远无故障运行，良好的售后服务是解除后顾之忧最有效的手段。尽管我们在购买现场很难看到厂家的售后服务人员，但从业务员身上看服务是一种简单而有效的方法。具备独立研发、生产的企业，其售后服务在技术方面一般都不会存在问题。个人认为选购产品名牌优先。如果名牌企业的产品都不能保证，非名牌产品就更没有让我们信任的理由了。在产品选购之前要多留意媒体的报道、评价；如专业杂志、展会、网络等。

（5）对于价格，并不是说产品单纯的售价，而更多的是你打算花多少钱来购买设备。现在市场上价格也比较透明，因此同一档次的产品价格相差都不会很大。

（6）湿帘冷风机设备的购买与其他传统空调选购基本一样，应该选购恰当的型号。

湿帘冷风机

★百度图库，网址链接：https://image.baidu.com/search/detail

（编撰人：莫嘉嗣，漆海霞；审核人：闫国琦）

115. 湿帘冷风机如何进行安装？

湿帘冷风机应安装在室外，一般采取全新风运动，不得采用回风方式。

在条件许可的情况下，将主机安装在周围环境空气质量较好的地方。切忌安装在有臭味或异味气体的排气口处，如厕所、厨房等。

湿帘冷风机安装时应避免风管过长，一般长度15~20m最佳，并尽可能减少风管弯头或不用弯头。一般安装在墙壁上、屋顶上或室外的地坪上。

湿帘冷风机主机运行时，为了便于通风换气，要打开一定面积的门或窗，若没有足够的门窗时，应加装排气扇，并保证排气量为环保空调总送风量的80%。

湿帘冷风机主机支架需要支撑2倍于整个机体及维修人员的重量，一般选用钢结构焊接而成。

换气次数参考如下。一般环境要求换气次数为25~30次/h；人流密集的公共场所，要求换气次数30~40次/h；有发热设备的生产车间，要求换气次数50~60次/h。在较潮湿的南方地区换气次数应适当的增加，而较干燥的北方地区则可适当减少换气次数。

湿帘冷风机

★百度图库，网址链接：https://image.baidu.com/search/detail

（编撰人：莫嘉嗣，漆海霞；审核人：闫国琦）

116. 湿帘冷风机如何维护与保养？

（1）有计划地进行各类常规检查，确保设备正常运行。

（2）为了防止渗漏可能会损坏其他设备或产品，在使用前请注意进水管、排水管是否接驳良好。

（3）确保有足够敞开的门或窗，如没有足够敞开的门或窗，可加载百叶窗或安装其他机械通风设备，以保证最佳效果。

（4）为了避免机器损坏或人员伤亡，在设备运行过程中，切勿拆开蒸发器、顶盖等机器配件，如需要维修、保养机器，应先切断电源。

（5）安装时请检查电机状况，请勿使用容量不正确的保险线或其他金属丝。

（6）为保证降温效果，空气比较浑浊的地区可考虑加装过滤网。

（7）预防性维护保养。季前保养，机组周期保养，季节结束保养，机组内部清洁。

（编撰人：莫嘉嗣，漆海霞；审核人：闫国琦）

117 养猪场地面如何清洗？

常用的地面冲洗机有两种：一种是在生产区设置高压清洗系统（包括水头、高压泵、管道、洗枪等），在每个出口连接到猪舍冲洗枪就可以使用，操作简单，易于使用，但投资较大。另一种是高压冲洗机（常用的PX-40A型，水压4MPa，流量40L/min），每个猪舍只需要配置1台，这是一个比较小的投资。这两种冲洗机具有节水、高效的特点。

高压水枪

★慧聪360网，网址链接：http://b2b.hc360.com/supplyself/338760413.html

（编撰人：莫嘉嗣，漆海霞；审核人：闫国琦）

118. 养猪场粪便固液分离机的作用与特性是什么？

我国大部分养殖户目前采用直接用水冲洗粪尿，这种方式会造成用水量大、损失大等问题。

随着新农村建设的深入和人们环保节能意识日渐增强，现在养猪场开始兴建沼气池和生化池等装置处理粪尿，由于进沼气池的粪类物料都未进行固液分离处理，这样直接的沼气培养效果不是非常理想。因为未经固液分离处理的粪尿水直接进入沼气池，大大增加了沼气池单位容积的有机负荷量，因此沼气池的容积要增加很多。由于长期使用沼气池，发酵后留下大量残渣，使沼气池堵塞，容量减小而造成沼气池不能使用，而清洗池既耗力又极不安全，同时增加开支费用。如果直接销售鲜猪粪又很难运输。因此，对猪粪进行固液分离措施，既可解决猪粪在沼气池的沉淀问题，极大增强沼气池的处理能力，又可大大减小沼气池、生化池的建设面积。节省环保处理的建设投资和土地使用面积，分离出的猪粪还可直接作为果树、林木施肥和作为有机肥的原料。卖给有机肥厂作为有机肥原料或自做有机肥，做到既有社会效益又有经济效益。

实用性：该系列渣液分离速度快，经分离后的粪渣含水量在70%～80%，出渣量及含水量可调整，可适用不同成分的饲料。其固粒物很适合作为鱼饲料和有机肥的原料等。

先进性：该系列机具有去污能力强，无堵塞，清洗方便等优势。经过处理的粪尿水含固率、化学耗氧量、总耗氧量、氮、磷的去除率可在85%～97%。

耐用性：该系列机的机架、筛框、振动筛网由不锈钢和防腐处理等制成，耐腐蚀强度高，使用寿命长。

经济性：该系列具有自动化程度高、耗电量小、成本低等特点。操作非常方便，只需按启动停止按钮进行操作。

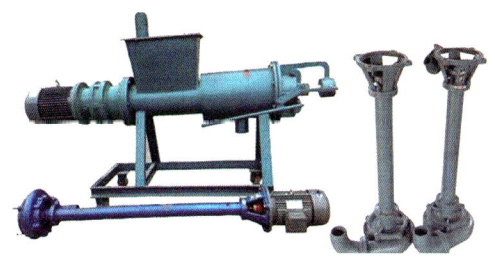

固液分离机

★百度图库，网址链接：https://image.baidu.com/search/detail

（编撰人：莫嘉嗣，漆海霞；审核人：闫国琦）

119. 粪便固液分离机如何进行维护与保养？

新安装粪便处理设备的用户，在正常运行之前要进行调试，要用含水70%左右的物料渣将机器的卸料口填实填满，然后调节配重块位置在最大的力矩上，以形成挤压机的压力层。没有填好压力层的挤压机是不能开机运转的，因为泵入粪水后在无压的情况下，马上会喷出卸料口，卸料口一定要填实填满，使用挤压机要有了解整机的性能专人管理，要经常性的保养与维护，一般正常使用时，粪便处理设备每经1～2个月要清洗一下网筛。

粪便处理设备清洗时，首先将卸料口螺栓取下，然后取出网筛，用清水及铜丝板刷将网筛中的堵塞物洗刷干净，特别值得注意的是要保持网筛原来的安装位置，在取下网筛的同时请注意网筛的导轨位置，最好做上记号，安装时仍然保持原来的位置，否则，在以后的运转中，将加大网筛的磨损，自然也就会影响挤压机的出料效率。

固液分离机

★百度图库，网址链接：https://image.baidu.com/search/detail

（编撰人：莫嘉嗣，漆海霞；审核人：闫国琦）

120. 固液分离机使用时有哪些注意事项？

（1）设备的安装，根据养殖场地的实际需求，选择比较平坦的地势进行安装。如果安装在室外，需要建造遮雨棚。

（2）试运行是为了确定螺旋轴转动的方向是否正确以及对配重块进行调节，以控制分离物的湿度。

（3）为了保证滤网的滤液效果和挤出固料的低含水率，固液分离机的滤网每隔15min需要进行清洗一次。

（4）为了使设备更好的运转，固液分离机在使用过程中需要定期进行检查和保养维护，机器活动处应及时的加入润滑油。

（5）固液分离机的尾部为了防止堵塞，出料方便，一般都采用了开放式出料，即出料部位没有安装安全防护网，故在设备运行过程中不要将手伸入固体出料口。

（6）固液分离机的动力一般会使用380V动力电源，在操作过程中要注意安全，防止触电。

（编撰人：莫嘉嗣，漆海霞；审核人：闫国琦）

121. 养猪场漏粪地板有哪些类型？

猪舍地板的表面状态对猪只健康有重要影响。如果种猪、后备猪及育肥猪舍的地板表面太滑，当有水或粪尿时，猪只容易滑到，造成扭伤肢体，严重的话会造成瘫痪。猪舍地板表面太粗糙，特别是有尖角时，常常刺伤猪的蹄部，形成蹄炎、化脓。现在大型养猪场都采用漏粪地板网，所以猪舍地板做成蜂窝状最佳。

（1）漏粪地板网又称漏粪地板，包括保育床漏粪地板网和产仔床专用围栏网等。漏粪地板、漏粪地板网采用球墨铸铁制造，有韧性。表面铸造精细，光滑无毛刺，抗承载能力强，漏粪率高，抗腐蚀，使用寿命长。主要用于分娩床母猪部分、粪沟盖板等。

（2）漏粪地板网设备系列包括铸铁、塑料漏粪地板、产仔床漏粪底网、保育床漏粪底网和产仔床专用围栏网等。

（3）漏粪地板网分为塑料和铸铁两种材质类型。塑料漏粪地板网采用优质工程聚丙塑料整体注塑成型，结构合理，高强度，高韧性，抗脆裂，表面防滑处理，寿命长，便于消毒处理。性能及优点：耐腐蚀、酸碱，安装容易，导热系数要远远低于钢铁。小猪窝躺上方不易受凉，使用寿命可长达5年以上，承重力在50kg以上。塑料地板网主要用于培育床和分娩床护仔栏两侧。

球铁漏粪地板网采用球墨铸铁制造，有韧性。表面铸造精细，光滑无毛刺，抗承载能力强，漏粪率高，抗腐蚀，使用寿命长。主要用于分娩床母猪部分、粪沟盖板等。球铁漏粪地板网规格：600mm×300mm。球铁漏粪地板网主要用于分娩床母猪部分粪沟盖板使用，可拼接出0.3m整数倍规格的尺寸，与塑料漏粪地板配套使用可以方便地清理猪仔的粪便，使猪仔身上保持干净，养猪厂里也显得利索。这样也为工作人员打扫卫生提供了方便，工作人员在漏粪地板网的下方就可以直接清理掉了，不用把猪仔全部放出来清理完再放回去。

漏粪地板

★百度图库，网址链接：https://image.baidu.com/search/detail

（编撰人：莫嘉嗣，漆海霞；审核人：闫国琦）

122. 养猪场金属围栏如何配置？

（1）公猪栏与配种栏可采用待配母猪与公猪分别相对隔通道配置。

（2）母猪栏。以大小相结合的群养，并有群外运动场较好。

（3）产仔栏。产仔栏又称母猪产床，采用高床母猪产仔栏，这种栏设在离地面20cm高处。金属网上装有限位架、仔猪围栏、仔猪保温箱、饮水器、母猪食槽和小猪补料槽、漏粪地板等组成；床底采用漏粪地板，漏粪地板有金属丝网编织漏粪地板和塑料漏粪地板两种可供选择；高培保育床常用规格为：1 800mm×2 200mm×1 000mm，1 700mm×2 200mm×1 000mm。其料箱为1.2mm钢板结构，边框采用金属丝网和40角铁焊接而成。

（4）保育栏和育成栏。为了给小猪提供一个清洁、干燥、温暖、空气清新的生长环境，我国广泛采用高床网上保育栏。

（5）大栏为半开敞式、卷帘、群养，主要饲养种公猪、种母猪、后备母猪妊娠中后期母猪及生长肥育猪。大栏内采用待配母猪与公猪分别相对隔通道配置，公猪栏一般为3.0m×4m×1.4m，一栏一头公猪；母猪栏一般为1.4m×2.0m×1.0m。

（6）限位栏又称为定位栏。每栏尺寸为2.2m×0.6m×1.0m，栏后0.6m为漏缝地板。栏位数占母猪总数的20%。限位饲养的主要是防止母猪流产和限制饲料喂量。

（7）产房设置高床、全漏缝地板。产床数占母猪总数的25%，每间产房一般设8～10个产床。全漏缝地板，上装有母猪限位架（2.2m×0.6m×1.0m）、仔猪围栏（位于限位架的两边2.2m×0.5m×0.6m）、仔猪保温箱（0.5m×1.0m×1.0m）、饮水器（母猪高0.6m、仔猪0.12m）、母猪料槽及仔猪补饲槽。妊娠母猪提前3~7d上产床。

（8）保育舍设置高床、全漏缝地板。一间保育舍一般设4个保育栏，每个栏的尺寸一般为2.0m×2.0m×0.7m，每栏饲养10~12头仔猪。漏缝地板上装有饮水器（高0.26m）、料槽；仔猪断奶后就进入保育舍，保育期一般为5~6周。为了给仔猪提供一个良好的生长环境，保育舍要做到既保温又通风。

金属围栏

★百度图库，网址链接：https://image.baidu.com/search/detail

（编撰人：莫嘉嗣，漆海霞；审核人：闫国琦）

123. 母猪产床的作用是什么？

母猪产床又称高培产仔栏，主要包括母猪定位架、仔猪围栏、仔猪保温箱、漏粪地板、母猪食槽和小猪补料槽等。母猪定位架的作用是控制母猪躺卧方式和自由活动区域，为了避免仔猪被压死、踩死和压伤，母猪产床定位架之间设置有挡杠。定位架的长度一般为2.1~2.3m，宽度为0.6m，高度为1.0m。为了保护仔猪，避免影响仔猪吃奶，限位架最下边的一根栏杆上面焊有弯曲的挡柱，母猪食槽和饮水器都在定位架的前方。

围栏有栅条式和隔板式两种。栅条式有利于通风和观察，但不利于防疫。隔板式有利于防疫但造价较高，仔猪围栏的长为2.0~2.3m，宽为1.7~1.8m，高为0.5~0.6m，栅格间距不大于40mm，仔猪补料槽和饮水器都装在围栏的后部，供粪便排在后部的排粪区，猪产床地板由塑料地板和铸铁地板组成。这样的设计结构为仔猪提供一个活动的空间，避免仔猪跑出去，造成不必要的损失。

母猪产床

★百度图库，网址链接：https://image.baidu.com/search/detail

（编撰人：莫嘉嗣，漆海霞；审核人：闫国琦）

124. 养猪场食槽如何选用？

目前我国采用的养猪场食槽主要有金属食槽、水泥食槽两种。国内行业领头企业已经着手引进饲料自动饲喂系统，每栏圈花费约为1万美元，可以自动计量。自动饲喂系统包括采食槽、仔猪采食槽、自动喂料器、补料槽等，是不可缺少的现代化养猪设备，它可以帮助保持猪只饲料的安全卫生，帮助减少猪只因喂饲引起的疾病，帮助猪只健康成长。

采食槽、仔猪采食槽、自动喂料器、补料槽种类繁多，设计独特，每一款设备都有它自己的用途。可以分布在不同时段，根据猪仔的不同情况来使用采食槽、仔猪采食槽、自动喂料器、补料槽。喂饲设备包括一个带有管状出口、最好连接于管状输送器的饲料容器，饲料借助输送器送至喂饲设备，猪用猪嘴作用在管的下部，以便将饲料供应到槽中。采食槽、仔猪采食槽、自动喂料器、补料槽的特征在于管的下部制成一个分离的可偏转悬挂部分，在它和管的固定部分的下端之间设有一个计量器，当可偏转部分被偏转时通过计量器供应饲料。母猪铸铁采食槽用于保育猪的喂料。

（1）市场现在拥有的饲喂设备。镀锌板双面料槽、不锈钢补料槽、母猪采食槽、塑料补料槽、育肥双面料槽、铸铁补料槽、饲料车、30kg自动喂料器、50kg自动喂料器、干湿喂料器。

（2）双面食槽铸铁底、母猪食槽。双面食槽球墨铸铁底：口径尺寸365mm×365mm；重量8~10kg；食槽球墨铸铁底：尺寸50cm×60cm；孔位六或八猪位；重量14~15kg。

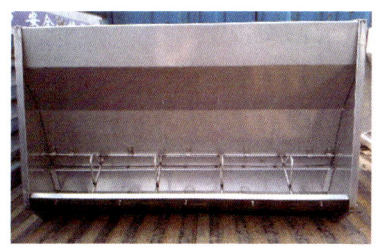

食槽

★慧聪360网，网址链接：https://b2b.hc360.com/supplyself/.html

（编撰人：莫嘉嗣，漆海霞；审核人：闫国琦）

125. 养猪场自动上料机的作用是什么？

自动上料机主要用于塑料及粉体生产加工行业，从强度和刚度方面考虑，物料与机体的接触部分采用不锈钢材料制作，自动上料机可与各种规格挤出机、高速混合机、塑料搅拌机配套使用，进行各类粉状、粒状、回收破碎等物料的上（送）料。

自动上料机单机上料高度可达2~6m，并可多机串联使用，抽送上料速度为每小时1~3t。具有自动控制加料，工作效率高，安全可靠，维修方便等优点。

自动上料机

★百度图库，网址链接：https://image.baidu.com/search/detail

（编撰人：莫嘉嗣，漆海霞；审核人：闫国琦）

126. 智能型种猪测定系统是什么？

智能型种猪测定系统是一个自动喂饲及测定系统，它能连续和正确地记录群体饲养条件下每个个体猪只的自由采食量。系统由多个测定站组成，各测定站通过一根2芯电缆连接，最后与电脑相连接。每一个测定站有一个主控芯片和与之相关的设备，包括识别种猪电子耳标的设备，对料槽进行称重和投料的设备。一个可调节宽度的护栏安装在料槽的前方，该护栏限制每次采食时只有一头测定猪进入。体秤也安装在料槽的前方，用以同时测定种猪的体重。智能型种猪测定系统用于为种猪场的遗传育种提供准确、全面的数据分析报告，从中选择理想的种猪。系统通过电子耳牌自动识别个体猪的号码即身份，测定记录每次采食的时间、采食持续时间、饲料消耗量和个体猪体重，这些数据被传送到主电脑后，由系统生成测定报告，对个体猪采食量、日增重和饲料报酬（料肉比）进行有序排列、汇总和比较。

种猪测定系统

★百度图库，网址链接：https://image.baidu.com/search/detail

（编撰人：莫嘉嗣，漆海霞；审核人：闫国琦）

127. 智能型种猪测定系统的电子耳的作用是什么？

电子耳号牌经久耐用，还可重复使用，安装容易，一般固定在猪耳朵上，不易脱落。电子耳号牌就是猪的"身份证"，每头种猪在测定系统的唯一标志，它与测定站的读卡器配合使用，精确度达99%以上。

电子耳

★百度图库，网址链接：https://image.baidu.com/search/detail

（编撰人：莫嘉嗣，漆海霞；审核人：闫国琦）

128. 智能型种猪测定系统测定站的作用是什么？

测定站由测定护栏、读卡器、自动给料计量装置和自动称重装置等组成。当种猪A进入测定围栏后，电子耳号牌向读卡器发出信号，读卡器迅速识别后就实现了猪机连接，测定站和主电脑控制系统就开始对种猪进行监控测定，建立全部测定记录。

种猪进入测定站的采食箱时，系统就会根据测定站系统的反馈信息开始给料，给料范围为100～800g，采食完毕后停止给料。系统会自动采集并记录测定种猪此次进入和退出测定站的时间、采食量等信息，存储到相应的数据库中。每头测定种猪每天按等级排序进入测定站采食12～15次。每头猪完成一天的采食后，系统根据数据库中记录的数据得出每头猪的总采食量。采食量记录精确度非常高，每次计量精度仅为±10g。

测定站还有自动称重装置，当种猪在采食时，自动站在自动称重装置上，称重范围从25～170kg，精度较高达±100g。系统将自动记录该测定种猪此次采食时的体重，同时系统将该种猪每天要进入测定站12～15次的称重值自动计算出平均值，作为当日的体重值。

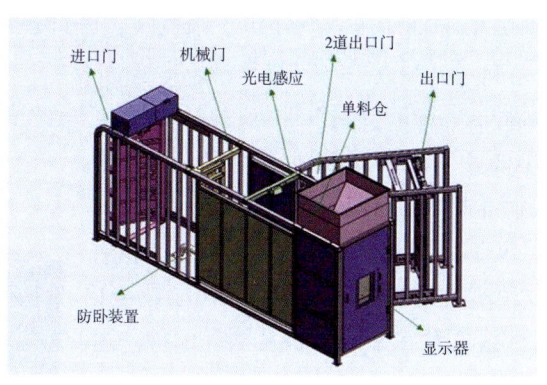

智能型种猪测定站

★猪e网，网址链接：http://cj.zhue.com.cn/a/201504/10-1695841.html

（编撰人：莫嘉嗣，漆海霞；审核人：闫国琦）

129. 智能型种猪测定系统里的主电脑控制系统的作用是什么？

智能型种猪测定系统记录每头种猪每天的采食开始时间和结束时间、采食次数和总采食量、每天的体重等数据。主电脑控制系统根据智能型种猪测定系统统计的数据，自动生成每头种猪每天的日增重和料重比等测定报告。系统还可以实现对系统内测定种猪的性能进行排序。在测定站中，采食量每次的计量精度为±10g，电子称重精度为±100g，可见测定计量精度是很高。

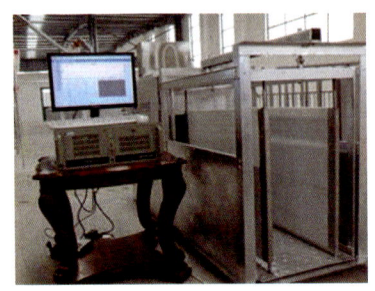

智能型种猪测定系统的电脑控制系统

★搜了网，网址链接：http://www.51sole.com/b2b/pd_40263206.htm

（编撰人：莫嘉嗣，漆海霞；审核人：闫国琦）

130. 智能型测定系统的主要优点是什么？

（1）系统能准确记录种猪每天的体重、采食量，并计算出每天的增重和料重比。

（2）可以对测定系统中的种猪性能进行自动排序，给种猪选育带来便利。

（3）劳动效率高，每个测定站可饲养12～15头种猪，每台主电脑控制系统可管理128个测定站，所以智能种猪测定系统不仅测定准确而且其自动化程度和生产效率很高，1个人可以管理300～400头种猪的测定工作。过去我国生猪种猪选育水平较低，从国外引种—退化—再引种，目前每年还不断从国外大批引种，不仅成本很高，而且引种也带来许多疾病，像蓝耳病等都是引种带进来的，给我国养猪业带来许多灾难。智能型种猪测定系统的大量推广应用，将大幅提高我国种猪的选育水平，节省外汇，减少因引进种猪带来的疾病，创造更好的社会效益和经济效益。

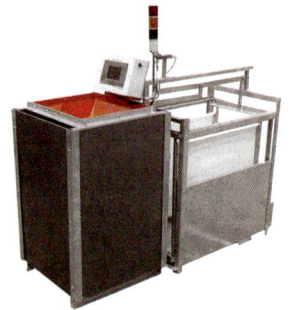

测定系统

★百度图库，网址链接：https://image.baidu.com/search/detail

（编撰人：莫嘉嗣，漆海霞；审核人：闫国琦）

131. 养猪机械应该如何进行合理的选择?

为了让用户在养猪机械选择时能找到最适合自己需求的产品，避免不合理的选择而造成浪费，可以将上述养猪机械分成4个组别。

（1）从机械性价比和投资效益角度分析，自动饮水器、高床分娩栏、高床保育栏、仔猪电热板、保温电热板、远红外保温灯、玻璃钢仔猪保温箱、玻璃钢小猪保温箱、轴流风机、火焰消毒机、粪便固液分离机等实用并且价格低的机械产品比较适合饲养100头母猪或500头肉猪规模的猪场选购。

（2）如果猪场有一定投资能力，并且饲养母猪300头或肉猪3 000头以上，可以考虑在第1组机械设备基础上配齐各种金属围栏和食箱、保温（热风炉等）、通风降温（湿帘降温等）和清洁、消毒等机械，组成一组规模化猪场普及型的配套机械。

（3）如果猪场投资能力较强，并且饲养母猪600头或肉猪5 000头以上可以考虑在第2组普及型的基础上再增加干料输送机械。

（4）对一些有足够投资能力的种猪场可选购进口或国产的种猪自动化喂料测定机械；商品猪场可以选购进口的液态料输送机械。液态料输送机械在欧洲许多猪场应用已有30多年历史，使用效益很好。国内有个别猪场也开始引用，但使用效果不甚理想，主要是使用客户较少，供应商售后服务跟不上。

我国地域辽阔，各地气候差异比较大，在选择养猪机械时一定要因地制宜，根据当地的气候环境，以满足饲养环境需要为前提进行机械装备的选配。在养猪机械选择中合理配套也很重要，有两点应特别注意：一是数量合理，例如万头猪场分娩栏理论计算每周只要24个栏，但实际生产中有时会超过24胎，所以选购时要留有机动栏位；又如保温、通风、降温机械多了是浪费，少了又达不到环境要求，一定要通过认真计算，以确定合理的数量。二是要充分考虑均衡，例如分娩舍和保育舍的保温设备就要保持均衡状态，使断奶猪转入保育舍后不至于因环境的过大变化而产生很大的应激。

猪场

★百度图库，网址链接：https://image.baidu.com/search/detail

（编撰人：莫嘉嗣，漆海霞；审核人：闫国琦）

132. 在养猪机械的选择中有哪些常见的认识误区？

（1）轻视养猪机械应有的作用与效果。一直以来，对于猪场的建设不少养殖户都存在着误解，不能理解猪场建设中饲养环境的重要性，其实要想养好猪，饲养环境（温度、湿度、空气质量、床面清洁、舒适程度等）是一个关键因素。而饲养环境的保证主要还是依靠机械设备。一些猪场另一个认识误区是总以为夏天猪不热死，冬天猪不冻死就行了，全国各地有许多猪场猪舍温度夏天高于35℃，冬天低于10℃。饲养环境对猪的生长速度、料重比和健康都有很大的影响。温度不适宜，猪只生长速度大大下降，同时由于料重比快速上升，导致成本也快速上升。此外温度太低，也容易引起仔猪感冒、拉稀等猪病发生。温度过高或过低都容易引起应激，降低猪只免疫力。

（2）误把落后当先进。现在仍有不少猪场为了省钱，找1~2个不完全内行的人，参观一些老猪场，或根据老经验，没能跟上科学发展的脚步，不能因地制宜科学的管理猪场，结果往往给猪场造成巨大的经济损失。例如"一点饲养法""全自动冲洗""半漏缝分娩栏""半漏缝保育栏""圆钢油漆地板""铁皮食箱"等都是20年前较落后的工艺和设备，但仍有人把它们视为"省钱"的"宝贝"使用，由于工艺落后，设备不可靠、不耐用，维修费用高昂，想省钱，结果更费钱，而且给生产带来很多麻烦。

（3）自己制作可以省钱。有句古训叫"隔行如隔山"，养猪机械并不像看上去那么简单，其设计都有一定的科学依据。例如，分娩栏漏缝地板间隙设计要求为9mm，间隙要均匀，漏缝表面过渡要圆滑，间隙小了漏粪效果不好，床面清洁有问题，间隙大了容易损伤母猪乳头，乳猪肢蹄。实践证明只有专业制作才能保证质量要求。有些猪场自己设计、制造各种猪栏、漏缝地板、食箱等设备，由于设计参数，材料选择不合理，制造质量差，结果发生刮伤、擦伤猪身、母猪乳头、肢蹄等问题，严重的甚至完全不能养猪，所有围栏、地板都要翻修，不仅不能省钱还耽误了生产。

养猪机械

★百度图库，网址链接：https://image.baidu.com/search/detail

（编撰人：莫嘉嗣，漆海霞；审核人：闫国琦）

133. 如何使用自动刮粪机？

（1）地沟。地沟设计一般建议设计成一边深一边浅，深的那边应是出粪和固定主机的地方，深的那头一般设计成30~35cm，浅的那头一般设计成16~18cm即可，这样便于清舍时候让水往一头流，另外便于主机隐藏于地下。

（2）主机。主机安装应挖成1m见方，深70cm的坑，然后用混凝土浇筑，浇注完上平面应比地沟底面低12~13cm，最好打上预埋铁，便于安装主机，拿电焊点上几点即可，或使用大号膨胀螺丝也可。

（3）转角轮。安装转角轮千万要注意，参考安装图，中心是绳子绕的轮槽边而不是转向轮的轴，一旦中心定位产生误差，刮粪时粪板将跑偏导致机器运行不稳定，影响工作效果。中心找好后用混凝土浇筑，浇注至转向轮轴露出来4cm即可。

（4）绕绳。绕绳的时候，绕绳顺序为先把绳子一头在主机两个绕绳轮绕满，然后再把转向轮绕上，最后在一个刮粪板上扣死。

（5）紧绳。紧绳过程应该有2个人配合进行，一个人把着开关，另一个人把绳子从刮粪板架子上绕过去，然后把绳子头固定的转向轮的轴上，然后一个人拉绳子，一个人开开关，主机把绳子拉紧即可。

刮粪机

★ 百度图库，网址链接：https://image.baidu.com/search/detail

（编撰人：莫嘉嗣，漆海霞；审核人：闫国琦）

134. 自动刮粪机如何进行维护？

自动刮粪机是一种新型的设备，被广泛应用于猪场等养殖场所，大部分工作人员只知道该设备使用方法，但是对日常维护还缺乏清晰的认识，所以在这里解析一下自动刮粪机的日常维护需要注意的地方，概括起来有以下几点。

（1）当自动刮粪机清粪带跑偏接近头端被动滚筒边时，可以通过拧紧涨紧杆上的螺栓调节，当清粪带往回移动1/3的时候，要适当的放松螺栓，以防止清粪带回跑过头。

（2）当清粪带跑偏挨近被动滚筒边沿时，可以放开涨紧链条，将清粪带用手移动到被动滚筒的中间，再将涨紧链条安装在链轮上，然后用管钳拧紧六棱轴至不能动为止，最后上紧涨紧杆上的螺栓。

（3）如果自动刮粪机出现卷带的情况，只要将清粪带在被动滚筒的部位展开平铺即可，千万不要切割。

（4）清粪带使用一段时间后，会出现延长松垮的现象，要剪切掉一段再重新焊接。一定要备买一台超声波塑焊机。焊接时两头要对正，绝对不能偏斜。

现在自动刮粪机的主要性能特点是采用比较先进的国标摆线针轮减速机，保证输出传动比的合理性。电机与减速机直连式体积小，操作简便。特殊加厚刮板保证了清粪机超长使用寿命。

为了提高使用寿命，需要经常检查控制系统与安全系统的使用可靠性，每天应至少清粪两次，减速器一般每6个月加一次润滑油，经常清除刮粪板上的粪便。

刮粪板

★慧聪360网，网址链接：https://b2b.hc360.com/supplyself/.html

（编撰人：莫嘉嗣，漆海霞；审核人：闫国琦）

135. 猪场液态料系统的原理是什么？

猪场液态料系统由电脑控制各个组成元件，可以实现饲喂量和饲料种类的精确调整，系统主要包括料塔、清水罐、混合罐（配称重传感器）、回水罐（配称重传感器）、输送泵、PVC输送管道、气动下料阀等。液态料系统的原理很简单，利用液体流动输送饲料。具体的饲喂流程如下。

在电脑中设置猪只类型、数量、饲料配方、猪只饲喂曲线、料水比、饲料饲喂次数等数据；电脑根据这些数据计算出每个循环的每次用水量和干料量；每次饲喂时先将水打入混合罐，然后再将饲料或原料打入，充分混合搅拌；混合均匀的液态料由输送泵泵出，经PVC管道送到各个下料阀，电脑控制系统控制每个阀门的下料量。饲喂流程也可根据猪场的具体需求来作出适当地调整，控制软件的灵敏性非常关键。液态料系统本身的适用性比较强，对于各阶段猪只均适用。

液态料系统

★猪友之家，网址链接：http://www.pig66.com

（编撰人：莫嘉嗣，漆海霞；审核人：闫国琦）

136. 猪场液态料输送系统的优点是什么？

（1）采食量高，适口性好，生长速度快，饲料转换效率高。英国做过对比试验，试验以育肥猪干料和液态料饲喂为试验变量，结果发现液态料在日增重和料重比方面均有明显的优势。这主要由于猪只更容易接受液态料是流体的，猪只采食速度也更快，消化吸收率也更高。

（2）可以利用食品业或工业副产物，既能帮助附近工厂或食品厂，又能显著降低饲料成本，还可以解决污染物处理的难题。饲料原料多样化可以是干的，也可以是湿的或液态的。比如液态发酵饲料的应用。品质稳定的食品业、工业副产品是很好的饲料原料，但是如果采用干料系统就很难利用这些产品。液态料系统极大方便了原料的多样化，在降低饲料成本方面优势很大。

（3）液态料产生粉尘小，避免了干料系统喂料时产生大量粉尘对舍内空气质量的影响，猪舍环境变好了，呼吸系统疾病也会随之减少。

（4）饲喂更精确，数据集中处理、汇总分析，成绩更明确，成本更精确，决策更有效。电脑、手机可远程控制、管理、监督更高效。

（5）有利于控制饲料霉变。高温高湿地区的干料饲喂系统，夏季时下料口位置很容易受潮发生霉变；寒冷地区室外饲料温度很低，输送到舍内时管道容易结露，也容易出现霉变现象。液态料系统管道内一直有水，管道始终处于厌氧环境，可以有效控制霉变。寒冷地区液态料系统可以采用温热水，避免管道结冰同时也减少了猪的能量损失，减少了为采食寒冷饲料带来的腹泻问题。

（6）液态料系统由于是饲喂泵输送，管道的设置较干料系统灵活很多，管道的角度、方位都可以灵活布置，距离较远的猪舍还可以通过中转罐，接力输送。系统安装灵活，可以适配各种布局猪场。

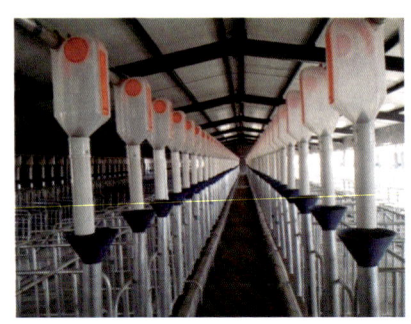

液态料输送系统

★百度图库，网址链接：https://image.baidu.com/search/detail

（编撰人：莫嘉嗣，漆海霞；审核人：闫国琦）

137. 如何建设高位保育床？

为了达到保温隔热隔潮、反射热量等效果，同时方便与供暖锅炉的连接，经过科学的布局规划，在确定的位置上砌宽为0.12m的长方形砖围墙，长方形的长以建设一个保育床长2.24m（每多建一个保育床增加2.12m），宽1.12m，高0.25m。墙内填土、夯实、整平，上部留下0.03m用细石混凝土填平抹光，凝固后其上铺设等面积地暖反射膜，膜上铺设ϕ20mm地暖管，沿长方向呈"S"形连续铺设，平行地暖管间距0.2m，回水与进水管铺设在同一方向上，用卡钉固定，加压试水正常后，再浇筑0.05m厚（从地暖反射膜算起）细石混凝土，床面部分必须抹平打光。最后，在3条边上砌宽0.12m、高0.6m的砖墙作为围栏（一条长边与高位漏缝网床拼接），根据规划建设的数量，用宽0.12m、高0.6m的砖墙，按每个保育床长2m、宽1m的标准分隔开，所有砖墙用水泥砂浆抹面。建成后，每个保育床面积为2m^2。

保育栏

★百度图库，网址链接：https://image.baidu.com/search/detail

（编撰人：莫嘉嗣，漆海霞；审核人：闫国琦）

138. 高位漏缝网床如何焊接？

高位漏缝网床的尺寸、形状与高位保育床一致，用金属材料进行焊接；成形棱角和支架用40角铁焊接，床面沿1m宽的方向用ϕ10mm钢筋焊接成间距为20mm的网面，网面与高位保育床床面等高。为了牢固耐用，网床背面中间位置还应加焊一根40角铁横梁。侧栏用ϕ10mm钢筋焊接成间距为0.06m、高为0.6m的栅栏。焊接完成以后，刷漆防腐，每个高位漏缝网床的面积为$2m^2$，其长和宽分别为2m、1m。每个高位漏缝网床与高位保育床拼接成一个完整的高床保育栏，面积为$4m^2$。每个高床保育栏在通道一侧的栅栏安装一个乳头自动饮水器，距栏面0.26m处为宜。

漏缝网床

★百度图库，网址链接：https://image.baidu.com/search/detail

（编撰人：莫嘉嗣，漆海霞；审核人：闫国琦）

139. 如何正确安装母猪产床？

（1）首先用螺丝把产床的6条腿和边框固定好，包括产床腿、花梁、横梁。螺丝拧紧的过程显得尤为重要，需要分批次拧紧，方便后期调整。

（2）产床竖梁之间间隔依次是50cm、60cm、70cm、70cm、60cm、50cm（这些数据仅供参考，不同型号间距不一）。

（3）安装漏粪板步骤。在床底安装好之后，首先安装塑料漏粪板，然后再安装铸铁漏粪板。需要注意一点，地板铺设要根据花梁孔进行确定。

（4）产床底部安装好以后，接着可以安装上架。安装上架的时候一般包括：①安装2.1m围栏、前后两个45cm小门与围栏之间用短铁棍连接。②主架：底部用螺丝与花梁连接，用铁棍与上架其他部位连接。③其他部分类似安装。两个1.4m围栏安装在产床中间用铁棍与主架相连，主架上方用"U"形夹与65cm铁管连接。

（5）放置食槽、保温箱电热板、取暖灯以及其他配件，保温箱放中间。用2.1m铁管固定好。母猪食槽用螺丝固定在前门上。用手挤压仔猪补料槽的螺丝插入地下地板旋转固定好。

（6）螺丝拧紧之前应该检查一下所有安装部件，如果没有出现问题，将所有螺丝拧紧，安装完毕。

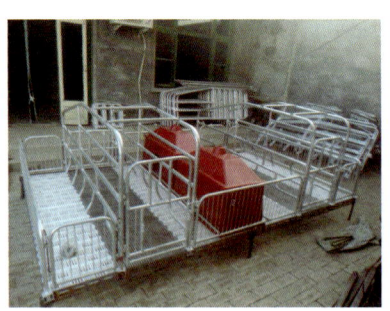

母猪产床

★百度图库，网址链接：https://image.baidu.com/search/detail

（编撰人：莫嘉嗣，漆海霞；审核人：闫国琦）

140. 如何挑选母猪产床？

挑选一款性价比高的母猪产床分如下两个步骤。

（1）购买之前，您需要了解母猪产床的架构、市场行情以及弄清楚自己的需求。架构主要包括漏粪板、围栏、食槽、保温箱几部分，市场行情需要了解钢材的价格，市面上的价格趋势等。

（2）定位自己需要什么样的产床，这要结合自身的猪场设计与当地环境以及投入资金来衡量，这些在购买之前就要规划好，确定好，做好了这一步，就到购买的时候了，这个时候需要做的是先货比三家，拿这家的优势去跟另外一家的比，优势宁可多不可少。

选购一款好的母猪产床可以大大节省资金投入，延长产品的使用寿命，这些也都是带来利润点的体现。

（编撰人：莫嘉嗣，漆海霞；审核人：闫国琦）

141. 养猪场热风炉的作用是什么？

（1）采用回旋式换热方式，热能转换效率高；烟囱热能回收装置，热能利用率高。

（2）采用管道送风，将空气加热后送入室内，以保证空气新鲜、温度均匀。猪场热风炉具有冷、暖双重功效，因为该设备是由纯铝制造的散热器与低压轴流风机组成的整机，冬季接入热水成为暖风机，夏季接入冷水成为冷风机。

（3）采用更先进的负压富氧燃烧技术，完全避免正压燃烧带来的炉温不匀、燃烧不透、烟气四溢、局部烧损等缺陷，对煤或其他燃料不挑剔，不管用什么煤都能保证燃烧通透。

（4）炉膛内热交换部分的耐火管采用抗蚀技术制造，以新技术研制出抗烧蚀耐火管，弥补了以前烧穿、裂缝、漏烟、使用寿命短的缺陷，使热风炉的无故障运行提高3～5年，整体使用寿命达到8年以上。从而降低了设备的维修率，能长期在1 450℃高温下使用而不损坏。

（5）水风两用炉整机保温。炉子的前后左右上顶5面都有优质玻璃棉保温，保温效果好，大大减少了热量的散失，整体热利用率达到90%以上，使水风两用炉能安装在室外正常运行，不降低热效率。

（6）省燃煤。此种方式燃煤是普通纯热水锅炉、蒸汽锅炉的50%以下。

（7）自动控温。该技术操作快捷、方便，只需要简单的设定室内所需温度，小型猪场热风炉，可使热风/热水自动输出，热风机自动压火，自动提火。

热风炉

★百度图库，网址链接：https://image.baidu.com/search/detail

（编撰人：莫嘉嗣，漆海霞；审核人：闫国琦）

142. 养猪场热风炉如何进行维修保养？

（1）热风炉燃烧设备的检查。链条炉排养殖热风炉在运行期间，应当随时注意炉排机械传动部分和变速箱的声音是否正常，炉排各部分有无故障，应当保证各个传动部分轴承润滑良好，轴承温度升高不允许超过70℃，炉排传动部分油路畅通。

定期用手扳动风门手柄或传动链轮，检查送风门或除灰装置工作是否正常，定期清理漏煤和灰渣，以防炉排被顶起，检查和保证不松动和被卡住，煤闸板上升和下落以及弧形挡板传动没有毛病；检查炉排中间有无断裂、脱落的炉排片；定期检查上煤设备和除渣设备，保证润滑到位，发现问题及时处理。

（2）炉墙、省煤器、炉门的检查。经常检查炉膛和烟道耐火砖墙、炉门、看火孔、出灰门、省煤器的管端是否漏风，若发现漏风，应及时嵌缝修补。

（3）保温层的检查。发现保温层脱落，必须及时处理。保温层使用时间长了可能脱落，使散热量增加，既损失热量又增加养殖热风炉房的温度，有时可能会烫伤人。

（4）要经常检查阀门、水泵、油泵、阀杆、填料密封等部位，发现问题及时处理。

（5）安全附件的检查。经常检查水位计压力表、安全阀用手做定期抬放试验，以防锈蚀卡住。安全附件一旦损坏，必须立即修复或更换。

（6）除尘器的维护保养。要定期清扫除尘器的积灰，保持除尘器的严密性，及时清除漏气地点，以免破坏除尘器的效率，甚至影响导致除尘器不能正常工作。

热风炉

★百度图库，网址链接：https://image.baidu.com/search/detail

（编撰人：莫嘉嗣，漆海霞；审核人：闫国琦）

143. 火焰消毒器的特点是什么？

火焰消毒器是一种以石油液化气或煤气作燃料产生强烈火焰，通过高温火焰来杀灭环境中的病菌、病毒、寄生虫等有害微生物的仪器。火焰消毒器具有以下优点：①节省用药，防治成本低，弥漫性好、附着力、效率高。②重量轻，操作灵活方便。③采用定量供油定位启动系统。④性能稳定，维护简单。

火焰消毒器

★百度图库，网址链接：https://image.baidu.com/search/detail

（编撰人：莫嘉嗣，漆海霞；审核人：闫国琦）

144. 高压冲洗机如何安装与使用？

把主机安放于良好通风位置并且在平坦的地面上固定，安装枪杆到枪柄，安装枪头到枪杆，连接枪柄和高压软管，将高压管接到主机高压泵头出水口端，拧紧水管接头，要避免车辆辗过高压管。供应自来水至主机，把进水管连接到进水口。连接电源线到三相电源。在连接电源之前，检查电源电压和频率，并与铭牌相对照，如果电源合适，则可以插上插头。清洗机必须接地线使用，为增加使用者的安全性，另外加装一个安全断路器。

高压清洗机在使用时，需要做的工作主要包含将水龙头完全打开，扣动扳机几秒钟让空气排出以释放管路内的气压，保持扣压扳机，按动开关，启动电机。

高压清洗机维护方法：①清洗水机水箱内过滤器。②检查水泵的油标。③检查水箱和泵之间管子内的空气和水泡。④如果有空气和水泡请拧紧塑料管夹子。⑤检查高压管有无破损。⑥检查电源线是否破损。⑦检查高压管连接处是否磨损。

高压清洗机

★百度图库，网址链接：https://image.baidu.com/search/detail

（编撰人：莫嘉嗣，漆海霞；审核人：闫国琦）

145. 猪饲料粉碎机的安装与运转注意事项是什么？

（1）饲料粉碎机的安装。饲料粉碎机的安装根据实际安装环境确定，如加工地点经常移动，可把粉碎机和动力机安装在同一机座上；如有固定加工房间不需移动，粉碎机最好安装在水泥基座上。为了便于用户加工饲料或粮食，还可将粉碎机装到拖车上或农用车上，用拖拉机带动巡回加工。

（2）饲料粉碎机试运转注意事项。

①检查零件的完整及紧固情况，特别是锤片等高速运转时，零部件必须可靠固牢。

②检查粉碎机在基座上固定情况，要求牢固。

③检查轴承内的润滑油，一旦发现润滑油变质，应用清洁的柴油或煤油清洗干净，按说明书规定重新更换润滑油。由于粉碎机转速高达3 000r/min，应使用标准高、质量好的润滑油，如使用3号或4号钙基润滑脂。

④打开粉碎机盖板，检查粉碎室内是否有杂物，然后将盖板盖紧，用手转动皮带轮，转子应转动灵活。

⑤空机运转5～10min，再停机检查1次各部分的情况，如各部分都处于完好的技术状态，即可将饲料或粮食装入盛料斗，扎牢装料袋正式工作。粉碎机在初次加工粮食之前，可先加工一部分干草或麦秸，以清除机器内油污。

（编撰人：莫嘉嗣，漆海霞；审核人：闫国琦）

146. 猪饲料粉碎机如何进行调整？

（1）调整喂入量。盛料斗的下面有一块闸板或挡板，在加工小麦、玉米等粮食作物时，用调节闸板的方法控制喂入量，使喂入均匀，需用手推动送料，推送要均匀，防止粉碎机超负荷运行，影响其粉碎质量，如加工豆饼、山芋藤等饲料时，为便于入料和粉碎，豆饼必须先破碎成40mm小块，山芋藤最好先切成长约150mm的小段，如粉碎鲜山芋、红薯，必须先切成块，并加注足量的水。

（2）粉碎粒度的调整。粉碎粒度靠更换筛网来调节。一般粉碎机有孔径不同的2～3种筛网，如有孔径分别为0.6mm、1.2mm、3.5mm的筛网，使用时可根据所加工饲料的粗细粒度要求更换筛网。在安装筛子时，防止饲料在搭接处卡住，应当注意必须根据转子的旋转方向，正确选择筛网接头处的搭接方式，在更换筛子时还应注意筛孔的大小头，孔大的一面向外，这样容易出料。

猪饲料粉碎机

★百度图库，网址链接：https://image.baidu.com/search/detail

（编撰人：莫嘉嗣，漆海霞；审核人：闫国琦）

147. 猪饲料粉碎机如何进行故障排除？

（1）不粉碎或粉碎效率低。①发生故障原因。锤片磨损，原料太湿，转速过低，筛子规格不符。②故障排除方法。更换磨损的锤片，保证原料干燥，保证额定转速，更换不合适筛子。

（2）锤片损坏。①发生故障原因。原料中夹杂有硬度较大的杂物。②故障排除方法。更换损坏的锤片后，将原料筛选以后再进行操作。

（3）轴承温度高。①发生故障原因。润滑油质量不好，加注量不适当；轴承质量问题，游动间隙不当；转速过高。②故障排除方法。保证加注适量的合格润滑油，更换轴承或调整游动间隙，保证额定转速。

（4）粒度不适当或不均匀。①发生故障原因。筛子不符合规格，筛子磨损或筛圈不平行，风门关闭。②故障排除方法。使用符合规格的筛子，调整筛圈；开大风门。

（5）机器严重振动、有杂音。①发生故障原因。机座不稳固，地脚螺栓松动，粉碎机座安装凹凸不平，主轴弯曲或转子失去平衡，机器转速过高，轴承损坏或内有脏物。②故障排除方法。稳定机座；拧紧地脚螺栓；调整粉碎机安装，使之保持平衡；修理或更换主轴，平衡转子；保证清洗或更换轴承，额定转速。

（编撰人：莫嘉嗣，漆海霞；审核人：闫国琦）

148. 如何正确选用饲料粉碎机？

根据生产能力选择，一般是以粉碎玉米（含水量约13%）和选用筛孔直径1.2mm的筛片等状态下每台粉碎机每小时的产量为额定生产能力。因为玉米是常用的谷物饲料，直径1.2mm孔径的筛片是常用的最小筛孔，此时生产能力较小。

避免锤片磨损、风道漏风等引起粉碎机的生产能力下降，导致影响饲料的连续生产供应，选定粉碎机的生产能力略大于实际需要的生产能力。

粉碎机的能耗很大，在购买时，应考虑节约能源。根据有关部门的标准规定，锤片式粉碎机在用筛孔直径1.2mm的筛片粉碎玉米时，每度电的产量不得低于48kg。目前，国产锤片式粉碎机每度电的产量已大大超过上述规定，优质的已达每度电70～75kg。

机器说明书和铭牌上均标有粉碎机配套电动机的功率千瓦数。标明的功率千瓦数往往不是一个固定的数而是一个范围，例如9FQ-20型粉碎机配套动力为7.5～11kW；9FQ-60型粉碎机配套动力为30～40kW。这有两个原因，一是当换用不同筛孔时，对粉碎机的负荷有很大的影响。9FQ-60型粉碎机使用筛孔直径1.2mm的筛片时，电机容量应为40kW；换用筛孔直径2mm的筛片时，电机容量应为30kW；换用筛孔直径3mm的筛片时，电机容量应为22kW，否则会造成一定的浪费。二是所粉碎原料品种不同时所需功率有较大的差异，例如在同样的工作条件下，粉碎高粱比粉碎玉米的功率大1倍。

粉碎成品通过排料装置输出有3种方式：机械输送、负压吸送和自重落料。小型单机多采用自重下料方式以简化结构。中型粉碎机大多带有负压吸送装置，优点是可以吸走成品的水分，降低成品湿度，有利于储存，可提高粉碎效率10%～15%，降低粉碎室的扬尘度。机械输送多为台式产量大于2.5t的粉碎机采用。

粉碎机

★百度图库，网址链接：https://image.baidu.com/search/detail

（编撰人：莫嘉嗣，漆海霞；审核人：闫国琦）

149. 粉碎机会遇到什么问题？怎样修理？

粉碎机是一种广泛使用的农机器具，一般对粉碎机而言，标准木粉机、超细木粉机的转速和均衡性要求极高，一旦出现不均衡情况，机器就会产生巨大震动，尤其是风机的叶轮，对外周的不均衡十分敏感。不过对其心部的巨大不均衡感要求不是很高。

当叶轮的铆钉头部磨损，可以压紧叶轮体与轮毂用电焊堆焊，让磨损的铆钉头部回到原来的正常形态。如果铆钉孔处出现裂纹，可用整根没有用过的新焊条以叶轮轴心线为重心对称实行焊接修补裂纹，也要确保焊补上去的分量相等。若是对称的铆钉孔处无裂纹也要将焊条堆焊于此处，用来抵消对称铆钉孔裂纹处新补的焊接分量。对叶轮实行容易的动均衡试验，办法也很容易。把叶轮支起后用手拨动使之悄悄旋转，达不到均衡的位置会停到最低点且左右摆动。若有侧重可在对面的叶轮上点焊，增长分量使其均衡，或许用角磨机磨去侧重叶轮的焊痕，也能到达均衡，这样就能够把风机修复好。

值得注意的是，在对风机的修补进程中不能用电焊随意点焊，将焊痕留到叶轮上，以防影响风机叶轮的均衡，达不到修复的目的，形成更大的损失。机器正常工作4h后要自检，给轴承加注黄油。工作完毕之后一定要清扫机器，不要将物料残留在机器内部。

（编撰人：莫嘉嗣，漆海霞；审核人：闫国琦）

150. 影响饲料粉碎机粉碎质量的主要部件有哪些？

粉碎齿爪与锤片是饲料粉碎机中的易损件，也是影响粉碎质量及生产率的主要部件。因此，用户应注意及时更换粉碎齿爪及锤片。

齿爪式粉碎机更换齿爪时，应先将圆盘拉出。拉出前，先要拧开圆盘背面的圆螺母锁片，用钩形扳手拧下圆螺母，再用专用拉子将圆盘拉出。为保证转子运转平衡，换齿时应注意成套更换，换后应做静平衡试验，以使粉碎机工作稳定。齿爪装配时一定要将螺母拧紧，并注意不要漏装弹簧垫圈。换齿爪时应选用合格件，单个齿爪的重量差应不大于1.0~1.5g。

饲料粉碎机中的锤片有的是对称式，当锤片尖角磨钝后，可反面调角使用；若一端两角都已磨损，则应调头使用。在调角或调头时，全部锤片应同时进行，锤片四角磨损后，应全部更换，并注意每组锤片重量差不得大于5g；主轴、圆盘、定位套、销轴、锤片装好后，应做静平衡试验，以保持转子平衡，防止机组振动。此外，固定锤片的销轴及安装销轴的圆孔由于磨损，销轴会逐渐磨细、圆孔会逐渐磨大，当销轴直径比原尺寸缩小1mm，圆孔直径较原尺寸磨大1mm时，应及时焊修或更换。

饲料粉碎机

★黄页88网，网址链接：http://jixie.huangye88.com/xinxi/17952875.html

（编撰人：莫嘉嗣，漆海霞；审核人：闫国琦）

151. 仔猪电热板是什么？

仔猪电热板是在寒冷冬季为哺乳期小猪御寒的用具。仔猪电热板内设电热元件，外敷硬度适中的无机胶凝材料或有机玻璃钢，提供给小猪一个温暖舒适、安全、卫生的环境，保证小猪具有很高的成活率。同时，它还具有优良的绝缘性和耐腐蚀性，且不打滑、不积水、易清洗、耗电低的优点。采暖热效率远高于红外线灯泡和远红外线电热器。

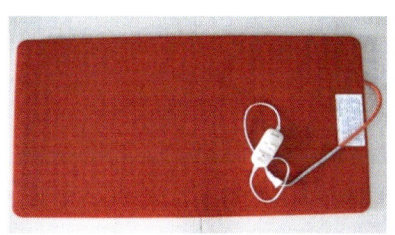

仔猪电热板

★百度图库，网址链接：https://image.baidu.com/search/detail

（编撰人：莫嘉嗣，漆海霞；审核人：闫国琦）

152.仔猪保温板的优点有哪些?

（1）杜绝了小猪因腹感温度不均或不够引起的腹泻现象，因为保温板升温快，温度均匀，能彻底照顾小猪的腹感温度。

（2）可根据小猪的生存环境来调控适合的温度，温度高低自由掌控。

（3）设计灵活，可根据实际需要调整尺寸，不仅适用于哺乳仔猪的保暖，还适用于保育转群育阶段的小猪。

（4）为了使电热板不打滑、不积水，仔猪不易摔倒、摔伤，电热板表面做了防滑处理。

（5）防火、防水、阻燃、绝缘性强、耐腐蚀、易清洗、节能环保。

（6）断电、漏电保护、对接插头省电、安全防电。

（7）无夹心、不起层、韧性好、强度高、承载力大、不易磨损、使用寿命长。

（8）高效节能。

（9）升温快、均匀、温差小。

（10）降低仔猪腹泻发病率。

（11）彻底根除仔猪打堆现象。

（12）干净卫生、易冲洗。

（编撰人：莫嘉嗣，漆海霞；审核人：闫国琦）

153. 仔猪保温板使用时需要注意什么？

（1）单相交流220V电源作为唯一选择，严禁使用交流380V电源，一旦错误操作，将会造成电热板过热而引起火灾。

（2）内设有两套加热线路，在正常使用时，只能使用一套线路，其中一套为备用线路。严禁两套线路同时使用，否则，将会造成电热板过热而引起火灾。

（3）用户必须在电热板外部弹簧上加装绝缘装置（弹簧严禁直接搭在金属导体上）以及在电路中加装漏电保护开关，以确保使用安全。

（4）在搬运及使用电热板的过程中，严禁拉拽电热板的外部弹簧及导线。

（5）请不要直接在电热板上穿孔、钉钉等，以免损伤电热元件而造成电热板损坏或漏电。

（6）建议与保温箱配套使用，保温箱下部内腔尺寸和外轮廓尺寸相配合，使小动物无处下嘴。

（7）如果保温箱下部内腔尺寸过大，可将电热板一端顶住保温箱，另一端用竹条、硬塑料条或金属片固定在木垫板上。

（8）如果没有设置保温箱，应就地取材做垫板，用压条将电热板保护起来，电源线外部弹簧用绝缘材料加以保护。

（编撰人：莫嘉嗣，漆海霞；审核人：闫国琦）

食品加工机械使用维护关键技术问答

154. 用质构仪如何评价鱼肉的品质?

长期以来,国内水产养殖业盲目追求生产满足市场需求,鱼的自然生长周期被缩短。在野生环境中,草鱼通常在上桌前生长3年,而在目前的人工养殖中,草鱼的生长周期被压缩为两年。此外,养殖密度过高,也会导致鱼类在一定程度上"营养不良"。这样,氨基酸、核苷酸、脂肪酸和其他影响鱼类风味的物质都是不够的。鱼肉太松、太耐嚼,也是影响鱼肉质量的主要因素。

(1)鱼样品制备。在刚被宰杀的鱼中,取长×宽×厚为2cm×2cm×1cm的鱼块作样本,在沸水中煮5min。取出后,鱼在室温下冷却15min,用包装袋密封。

(2)工具和配件。

仪器:通用TA质构仪。

调查:6mm的柱形探头。

(3)测试方法。将煮熟的鱼的样本直接放置在圆柱形探头下,在软件中设置测试条件。

测试模式:TPA模式。

预先测试速度:0.5mm/s。

测试速度:0.5mm/s。

发布测试速度:0.5mm/s。

触发力:6g。

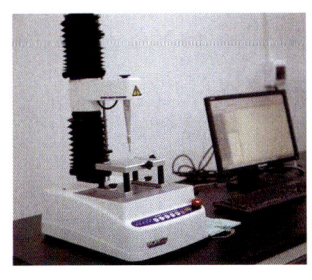

质构仪

★百度图库,网址链接:https://image.baidu.com/search/detail

目标模式：4mm的距离。

两个压缩间隔时间：2s。

（4）测试结果。鱼肉的硬度、弹性、咀嚼性、内聚性等指标，能客观评价鱼肉的质量。

（编撰人：莫嘉嗣，漆海霞；审核人：闫国琦）

155. 果蔬中如何应用质构仪？

质地特性是果蔬极其重要的品质因素，质构仪（物性分析仪）所反映的主要是与力学特性有关的果蔬质地特性，其结果具有较高的灵敏性与客观性，目前已经开始运用于果蔬及其加工制品的物性研究及监测。在水果中的应用主要包括测试其成熟度、坚实度、果皮或果壳的硬度、果实的脆性及果皮或果肉的弹性等。

蔬菜作为日常生活的重要组成部分，其品质的好坏影响口感、食欲等。而且蔬菜的品质能够间接反映出蔬菜的生长环境、栽培条件、加工和贮藏以及运输条件的优劣。质构仪在蔬菜中的应用主要指测试其成熟度、硬度、酥脆度、弹性、断裂强度、韧性、柔软性以及纤维度等指标。质构仪在果蔬中的应用如下。

（1）P/NP针形探头。可用于果蔬的表皮穿刺试验。可测量表皮强度、穿刺强度和表皮的软硬度等数据，用于判断果蔬的新鲜度和成熟度。

（2）P/2柱形探头。2mm柱形探头，用于对果蔬的内部进行穿刺，测试果蔬内部的硬度和质地的变化。

（3）P/5柱形探头。5mm柱形探头。将果蔬切成规格一样大小的样品，用柱形探头对样品进行全质构分析（TPA），用于测试果蔬的硬度、弹性、回复性、咀嚼性和内聚性等指标。

（4）P/100压盘探头。100mm直径压盘探头，通过压缩测试水果的机械强度、内部损伤和破裂强度等，评估水果的贮运性。

（5）P/BS剪切探头。通过剪切探头对果蔬进行剪切，来反映果蔬的剪切强度或者坚实度。

（6）P/VB钳口探头。该装置可进行模拟人的大门牙咬断食物的测试，样品放在下钳口内，咀嚼动作由上钳口撕裂食物的下压动作测试；适用于果蔬的剪切或韧性、柔软度，并可对生熟食品的纤维度进行测试。

（7）P/BE反挤压装置。利用该套装置可以对果汁、蔬菜汁和果酱等半固体或者黏稠液体进行黏度、稠度等指标的测试。

（8）P/SR延展性装置。利用该套装置可以对果酱等黏稠液体进行黏性、延展性和涂布性等性能测试。

（9）P/FSR薄膜支撑装置。可用于测试薄膜和叶类蔬菜的撕裂强度和撕裂距离。

质构仪

★百度图库，网址链接：https://image.baidu.com/search/detail

（编撰人：莫嘉嗣，漆海霞；审核人：闫国琦）

156. 小型榨油机的特点是什么？

榨油机大家都很熟悉，生活中常用榨油机榨取植物油，油料种类多样，如花生、大豆、芝麻等，随着技术的发展，榨油机不断改进，功能更加完善，类型更加丰富。小型榨油机，主要是供个体加工使用，其特点如下。

（1）环保健康，使用天然油提取，不添加添加剂，确保油的健康和安全。

（2）简单，操作方便，节省人力。

（3）损耗小，采用物理压榨的方法，不受高温等因素的影响。

（4）高效节能，这种小型榨油机，能耗小，加工效率也相对较高。

榨油机

★百度图库，网址链接：https://image.baidu.com/search/detail

总之，使用小型的榨油机设备，给人们带来了极大的便利，对于从事个体经营的人来说，是一个不错的选择，投资成本低，加工油的种类多，可以获得良好的经济效益。

（编撰人：莫嘉嗣，漆海霞；审核人：闫国琦）

157. 安装脱水蔬菜干燥机如何正确操作？

随着技术的发展，这种干燥机已满足大规模生产，多样化，集中控制，可连续生产，具有效率高、节能等优点，同时为了能更好的工作，需要小心的安装，按照要求一步一步操作。脱水蔬菜干燥机的安装如下。

（1）绘制基础线。在基础板上正确地画出十字线、标高线，中心标板的嵌入应该便于使用，准确并考虑到机座安装后不会被覆盖。

（2）安装底座和拖轮。铲平垫铁的位置，画出底座、拖轮的中心线，按照图纸的要求，找准底座和拖轮的安装位置，调平放正，先把基础孔灌浆，混凝土达到一定强度，拧紧地脚螺栓，审查合格后，然后安装汽缸。

（3）安装简桶和滚圈。先将滚圈安装在简桶上，固定凹状接头需要一反一正交错配置，调整垫铁的厚度，使凹状接头和滚圈保持相应的间隙，切勿一致，并点焊凹状接头螺栓头部与筒体内。

（4）安装大齿轮。安装前检查对接界面表面，不得有碰撞痕迹，大齿轮与筒体表面保持清洁，然后将两个齿轮小心的连接好，拧紧螺栓，然后将大齿轮放入桶中。旋转圆筒，检查大齿轮的径向跳动和横向摆动，直到校准合格为止。

一般来说网带式脱水蔬菜干燥机的物料在中间干燥段和终干燥段的停留时间是初干燥段的3~4倍，铺料厚度是初干燥段的2~3倍，有效地提高了干燥产量，为用户大批量连续生产提供了条件。

脱水蔬菜干燥机

★百度图库，网址链接：https://image.baidu.com/search/detail

（编撰人：莫嘉嗣，漆海霞；审核人：闫国琦）

158. 巴氏灭菌机使用操作步骤是什么？

巴氏灭菌机被广泛使用，而且生产出了各种巴氏灭菌机，如低温处理、高温处理、微生物法等。"低温长时间"加工是一个批量生产的过程，在食品、饮料、医药等行业，对一些包装成品要进行水浴杀菌。被打包产品放在可调速的不锈钢网带上，在传送带的作用下进入灭菌柜，通过水作为介质高温灭菌柜灭菌后，再由传送带进入冷却箱体均匀冷却，冷却产品从而达到灭菌要求。巴氏灭菌的过程如下。

（1）打开电源，设备为三相四线，其中一根双色线为零线（联系专业人员进行连接线作业，以防对设备造成损害）。

（2）打开电源开关，设定温度过程按SET，调整数字按右键调整，按上下键设置具体数值，设置设定键后确认。

（3）打开灭菌开关，设备开始升温，温度上升到设定值后自动停止，工作过程中温度下降，升温自动工作。

（4）温度上升到设定值后，打开网带开始操作和消毒。

（5）网带的速度由电箱内的逆变器调节，旋钮顺时针方向旋转以提高速度，反之降低速度。

巴氏灭菌机主要用于酸奶乳制品的生产。目前，世界上有两种主要的巴氏灭菌法：一种是将牛奶加热到62~65℃，保持30min；另一种是用巴氏灭菌法将牛奶加热到75~90℃，保持15s。

巴氏灭菌机

★百度图库，网址链接：https://image.baidu.com/search/detail

（编撰人：莫嘉嗣，漆海霞；审核人：闫国琦）

159. 板栗机如何操作及清洁与保养？

（1）板栗机操作方法。

①温控器设在产品面前，控制电热管加热温度，保证炒栗锅内的使用温度。

②连接到电源，按下加热开关，红色电源指示灯亮，顺时针旋转温度控制器，首先温度调到60℃温度位置，蓝色加热指标灯亮，达到温度后，红色指标亮；栗子放进锅里，按下旋转开关，再把温度调至所需温度值，加热管工作，当温度上升到所调温度时，温度装置可以自动切断电源，蓝光指示灯熄，加热管停止工作。当温度略有下降时，温控电源自动接通，蓝色指示灯亮，恢复加热，如此重复循环，温度自动调节，以保证设定的温度不变。根据需要，将温度调节到所需的温标，加一点蜂蜜，可以煎出更理想的效果。

③使用时，应开启风机开关，处理排风，排出油烟，净化周围空气，获得良好的环境。

④如果你需要更好的灯光效果，打开照明开关，增加亮度。

⑤在产品使用过程中出现异常现象，必须立即停止，再次使用前必须检出故障。

（2）清洁和维护。

①清洗、维护时，应切断电源，防止发生事故。

②每天完成工作后，清理炉膛表面和供电线表面，严禁直接用水清洗炉面，以免损坏电气性能。

③清洗过程中，及时清理锅内剩余的水。

板栗机

★百度图库，网址链接：https://image.baidu.com/search/detail

（编撰人：莫嘉嗣，漆海霞；审核人：闫国琦）

160. 变频节能真空包装机有怎样的使用效果？

（1）真空包装机的变频节能效果。真空包装机启动时，电机电流将高于额定5~6倍，不仅影响电机的使用寿命，还会消耗更多电能。在电机的系统中，当设计选择有一定的速度时，电机的速度是固定的，但在实际使用过程中，有时处于较低或较高的速度，因此变频调速是必要的。变频器可以实现电机的软启动，改变设备的输入电压频率，达到节能调速的目的，为设备提供流量、超压、过载保护功能。

（2）真空包装机的包装技术。

①进出料方式：前进右出式。

②压缩真空包装机采用热箱固定瞬时加热方式，节省能源。

③特殊的电热布置，热分布均匀。

④体积小，占地面积小。

⑤适用于小批量生产和中型生产，配合流水线作业，提高真空包装机的效率。

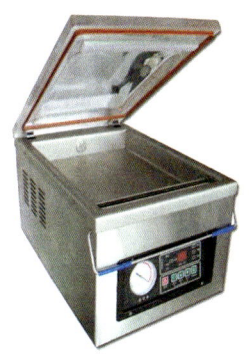

变频节能真空包装机

★百度图库，网址链接：https://image.baidu.com/search/detail

（编撰人：莫嘉嗣，漆海霞；审核人：闫国琦）

161. 茶叶采摘修剪机如何安全使用？

随着采茶季节的到来，采茶机将被广泛使用，为了更好地发挥机械农事上的作用，生产安全是非常重要的，请工作人员按操作规程作业。

（1）操作期间服装的要求。穿长袖，但要避免宽松的袖口和裤口。戴上有锁的帽子和防护眼镜。穿不易打滑的鞋子。

（2）对操作人员的要求。对不懂机械操作的人使用机器时，请接受安全指示，并使用。醉酒、未成年、劳累过度、药物过敏等原因无法正常工作人员不能使用机器。

（3）家庭作业中需要注意的事项。开机时不要太靠近，当拉启动绳时，应该站在远离刀片的一侧。工作时不要接近他人，下雨时应特别注意安全，地面很滑。当刀片卡住时，立即停止汽油机，不要倒退作业。汽油发动机启动或补充汽油时禁止吸烟。

（4）减少故障的措施。每次补充燃料时，建议在刀片上加润滑油。每3h加一份黄油。

茶叶采摘修剪机

★百度图库，网址链接：https://image.baidu.com/search/detail

（编撰人：莫嘉嗣，漆海霞；审核人：闫国琦）

162. 超微粉碎机初次使用要注意哪些方面？

新安装的设备，当设备就位及连接到待粉碎仓时，不可避免地会残留铁块、焊条头、焊渣等异物。如何做好超微粉碎机的预调试前的检查？

（1）在风机和主电机不开的情况下，将进料口下方的陈杂挡板拆下，让杂质和洗仓物料从该位置排出。

（2）检查所有一切正常后，应打开设备，检查所有电机的旋转方向。

（3）超微粉碎机的喂料电机和分级轮电机两个变频器进行参数设置，检查电机开启、接触器、热继电器、过电流继电器调整是否合适，将一次线全部重新锁紧一遍。

（4）检查电磁阀是否正常使用，调节除尘器电磁阀脉宽和喷吹间隔时间。

（5）检查空气冷却器是否有漏气，用手或细粉料放在界面上看有没有吸力的感觉，如果有需要进行密封处理。以上检查均正常，准备进行材料生产。

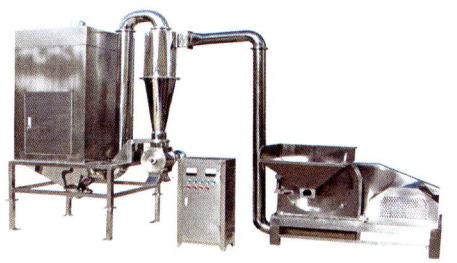

超微粉碎机

★百度图库，网址链接：https://image.baidu.com/search/detail

（编撰人：莫嘉嗣，漆海霞；审核人：闫国琦）

163. 打包机液压系统怎么避免杂质进入？

防止固体杂质混入液压系统，有许多精密的匹配部件，若固体杂质侵入小孔或零件缝隙中，会造成精密部件拉伤、油道堵塞等，危及液压系统的安全运行。一般固体杂质侵入液压系统的原因是液压油的杂质，加油工具不干净，加油和保养不慎，液压元件脱屑等。固体杂质入侵系统可以从以下3个方面进行预防。

（1）液压油必须经过滤后再加油，加油工具应保持清洁。不要在油箱上拆卸过滤器，以提高加油速度。加油人员应使用干净的手套和工作服，防止固体杂质和纤维杂质落入油中。

（2）清洗油必须与所使用的系统使用相同的液压油，油温在45～80℃，要大流量尽量去除系统中的杂质。液压系统应反复清洗3次以上。每次清洗后，油热时将液压系统全部释放。清洗完毕后，清洗过滤器，更换新的滤芯，加入新油。

（3）保养时。拆卸油压盖、过滤器盖、测试孔、液压油管件、液压油箱等部件时，要避免暴露避开扬尘，拆下部件需要彻底清洁后才能打开。如移除液压油箱的燃料帽，周围的土壤需要清除，拧开瓶盖，去除残余杂质（不冲洗，以免水渗进罐），确认清洁后打开油箱盖。如需要使用擦拭材料和锤子，应选择不掉纤维杂质的擦拭材料和击打面附着橡胶的专用铁锤。液压元件和液压软管应仔细清洗，然后用高压风吹干后组装。选择包装好的正品滤芯（内包装破损，虽然滤芯完好，但可能不干净）。在更换机油的同时清洗过滤器。在安装过滤器之前，应先用清洁材料清洗过滤器底部。

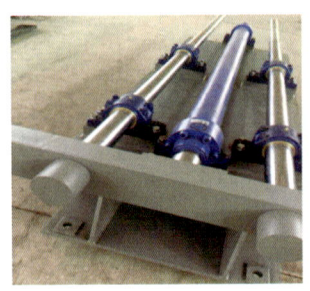

液压系统

★百度图库，网址链接：https://image.baidu.com/search/detail

（编撰人：莫嘉嗣，漆海霞；审核人：闫国琦）

164. 蛋仔机如何保养？

（1）如果未烘烤，则应关闭模具烘箱，避免空烤不粘层，金属和钢针不应损坏不粘涂层。

（2）每天使用机器后，用干净的湿布小心清洁模具上的孔。清洁碳化黑焦，保护聚四氟乙烯不粘涂料。如果有蛋仔碎，用毛刷涂少量水（水多将流入加热管，导致泄漏），让蛋仔碎溶解一个晚上，第二天早上开始用湿毛巾轻轻擦拭（不可用金属铲清洁，禁止大力揉搓，以免破坏保护层）。用竹铲和毛巾清洁外面。注意：在清洗机器的外表面时，必须切断电源，以防触电。为了保护弹簧，不要伸长等。

蛋仔机

★百度图库，网址链接：https://image.baidu.com/search/detail

（3）禁止用水直接注入设备或将设备浸入水中，以避免因电气性能受损而发生事故。

（4）粘锅解决方案。每天工作结束后刷少量的油（不要刷多，刷多在翻转后会流入热管，造成漏电）。第二天加热后，用厨房的毛巾把油清除（如果没有去除油，做出的第一份蛋仔有部分是白色或扁平的）。

（5）不粘板的使用寿命为3~6个月。当它严重粘锅时，需要更换一个不粘板。

（编撰人：莫嘉嗣，漆海霞；审核人：闫国琦）

165. 等静压机的工作原理及特点是什么?

等静压机的工作原理为帕斯卡定律："在密闭容器内的介质（液体或气体）压强，可以向各个方向均等地传递。"等静压技术已有70多年的历史，初期主要应用于粉末冶金的粉体成型。近20年来，等静压技术已广泛应用于陶瓷铸造、原子能、工具制造、塑料、超高压食品灭菌和石墨、陶瓷、永磁体、高压电磁瓷瓶、生物药物制备、食品保鲜、高性能材料、军工等领域。分为冷等静压技术、温等静压技术、热等静压技术。

等静压技术作为一种成型工艺，与常规成型技术相比，具有以下特点。

（1）等静压成型的产品密度较高，一般要比单向和双向模压成型高。热等静压制品相对密度可达99%~99.09%。

（2）压坯的密度均匀一致，在成型过程中，坯料的密度分布不是均匀的，无论是单向的还是双向的。当压制复杂形状时，密度的变化通常会超过10%。这是由于粉料和钢模之间的摩擦造成的。等静压介质的传递压力是相等的。包套与粉料受压缩大体一致，粉料和包套无相对运动，它们之间的摩擦阻力非常少，压力只要稍微降低，密度梯度下降一般只有1%以下，因此，坯体密度可以被认为是均匀的。

（3）因为密度均匀，因此，长径比的生产不受限制，这有利于棒状、管状细而长的产品的生产。

（4）等静压成型过程一般不需要在粉料中添加润滑剂，从而减少产品的污染，简化生产过程。

（5）具有优良的性能、短的生产周期和广泛的应用范围。等静压工艺的缺点是工艺效率低，设备昂贵。

等静压机

★百度图库，网址链接：https://image.baidu.com/search/detail

（编撰人：莫嘉嗣，漆海霞；审核人：闫国琦）

166. 风干机的操作使用有哪些注意事项？

风干机与灭菌流水线配套运用，置于灭菌线后部，特别适用于灭菌后的高低温肉制品、蔬菜制品等袋装产品的单调工作。运用时需要小心谨慎，需要注意的事项如下。

（1）应对高压鼓风机部件进行全面检查，机件是不是完好、螺栓、螺母、各种紧固件衔接的松紧情况和定位销的设备质量、进排气管道和阀门设备质量等。

（2）为了保证风机的安全工作，不允许承载管道、阀门、结构等外加负荷。

（3）检查风机和电机是否有良好的质量。

（4）检查机组的底座是否完全垫实，并固定锚栓。

（5）向油箱注入规定牌号的机械油至油位线之中。

（6）检查电机转向是不是契合指向需求。

（7）在皮带轮（联轴器）上系皮带罩（保护罩），以确保操作安全。

（8）全部打开风机进气阀、风机转子盘，应翻滚活络，无碰击和摩擦等表象，一切正常情况下，方可发起风机进行试工作运用。

风干机

★百度图库，网址链接：https://image.baidu.com/search/detail

（编撰人：莫嘉嗣，漆海霞；审核人：闫国琦）

167. 封口机封口不牢有哪些原因？

（1）热封温度不够。通常情况下，以OPP为里料的复合袋，当制袋总厚度为80~90μm，热封温度要达到170~180℃；以PE为里料的复合袋制袋总厚度为85~85μm，温度宜控制在180~200℃。只要袋子的总厚度增加，就必须相应地增加热封温度。

（2）热封太快。封口也与封口机的速度有关。如果速度太快，封口处还未来得及热化就被冷压进行冷却处理，自然达不到热封质量要求。

（3）冷压橡胶轮的压力不合适。每套冷压橡胶轮都有2个，它们之间的压力应该适中，调整压力只需要夹紧弹簧即可。

（4）热封膜的质量存在问题。密封与热封膜的质量有关。如果复合里料电晕处理不均匀，效果不佳，而且刚好在密封处，肯定不能密封，这是很罕见的，但是当它发生的时候，产品就报废了。

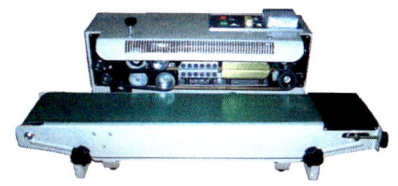

封口机

★ 百度图库，网址链接：https://image.baidu.com/search/detail

（编撰人：莫嘉嗣，漆海霞；审核人：闫国琦）

168. 高速斩拌机的操作规程是什么？

高速斩拌机工作原理是刀片的高速旋转与料盘的旋转同时进行，使原料均匀的被斩碎或成泥状，并能使各种原料均匀的混合在一起达到最好的乳化效果。多种速度配合使用可以达到更加理想的斩拌效果，自动出料的使用使工作更轻松，工作效率更高。所以现在很多加工厂家都在使用高速斩拌机。高速斩拌机的操作规程如下。

（1）在工作前检查刀组，开机前每次都要拧紧主轴前端的螺母。

（2）开机时请勿将手置于切刀的刀盖下，以免人身伤害。

（3）当机器移动时，不要把物体放在机体的盖子上，因为机器在运行时需要移动。如果物体掉入锅中，它会导致叶片断裂。

（4）打开前检查刀片的锐度和卫生情况，转盘是否有异物。

（5）在放入材料前仔细检查材料，并没有坚硬的物体以免损坏工具。

（6）放入材料后，皮带的速度应该从低到高。

（7）高速断路器应注意工作材料的温度，必要时加冰。

（8）不要总是启动切割器和刀轴，这样机器就不会磨损。

（9）为防止液压系统损坏，请手动停止。

（10）工作完成后，清洗机器，不要将水溅到橱柜上。

（11）根据高速断路器手册进行操作。

（12）在转速转换时，要注意安全，不要把手放到斩锅里。

（13）当玻璃盖打开时，才可以放材料并按下开关按钮。

（14）当玻璃盖未打开或未完全打开时，请勿按进给按钮。

（15）如果斩拌机在运行，员工不能离开岗位。

（16）如遇紧急情况，请按紧急停止开关以停止机器工作。

斩拌机

★百度图库，网址链接：https://image.baidu.com/search/detail

（编撰人：莫嘉嗣，漆海霞；审核人：闫国琦）

169. 鼓风干燥机的操作注意事项有哪些？

电热恒温鼓风机，最高温度有200℃、250℃、300℃3种规格，主要用于物品的烘焙、干燥、热处理和热加工，农业生产、科学研究、医疗卫生单位、实验室均可使用，但不适用挥发性物品，以免引起爆炸，温度控制系统采用TEF系列指针式温度控制仪，具有调节方便、控温性能可靠等优点。

（1）使用说明。

①在供电前检查烘干炉的电器性能，注意是否有短路或漏电现象。

②当一切准备好时，进行测试，关上箱门，并转动排气阀。

③电源接通后，打开电源加热开关，启动升温按钮，按"TDA"系列指示，

启动加热温度控制部件,并在此时开始加热烤箱,加热指示灯亮。注意:开始时必须按加热按钮,两组同时工作,升至设定温度,自动切断加热器,留一路加热器工作,如还需要加热必须再次开启加热按钮。

④在第一次恒温状态下,温度将继续上升,这是余热效应。这一现象将在30min内稳定下来。

(2)注意事项。

①箱体必须有效接地。不要用手触摸电线,不要使用潮湿物品清洗和水清洗设备。

②当仪器工作时,不要将水溅在玻璃观察窗上,以防爆裂。

③易燃物品不易放入箱内,高温烘烤,提前测量货物的燃烧温度值,特别是气体物品,应防止因温度过高而发生爆炸。

④保持生产线干燥、清洁。如果出现故障,应切断电源并进行维修。

⑤电机不能连续工作4h以上。

鼓风干燥机

★百度图库,网址链接: https://image.baidu.com/search/detail

(编撰人: 莫嘉嗣,漆海霞;审核人: 闫国琦)

170. 灌装机选型有哪些技巧?

灌装机领域产品种类多、品牌也多,涉及的材料和技术都很复杂,缺乏专业知识的消费者很难选择。根据选择灌装机时遇到的问题和误区罗列了一些挑选的窍门。

(1)确保买的灌装机是自己需要的产品。一些厂家产品种类很多,购买灌装机时,希望灌装设备可以包装自己的所有品种。事实上,专用机器比兼容机要好。这仅供参考,可以与厂家协调。另外,灌装范围不同,价格不同,如果灌装范围差距比较大的产品尽可能地分开机器罐装。

（2）高性价比是第一原则。目前国内生产的灌装机质量比以往高得多，与进口机器并驾齐驱。

（3）选择具有悠久历史的名牌灌装机，并保证质量。选择成熟稳定的模型，使包装更快更稳定，能耗低，工作量低，废品率低。灌装机是一种消耗型机器，如果买到一台低质量的机器，未来将会浪费包装薄膜，而这并不是一个小数目。

（4）如果实地考察，既要关注大的方面，更要注意小细节，往往细节决定了整个机器的质量。尽可能地使用样品测试机。

（5）在售后服务方面，应该有良好的口碑。售后服务及时，特别是食品加工企业。如果是饮料公司，夏天是生产的旺季，如果机器生产中的问题不能马上解决，那损失是可以想象的。

（6）同行信赖的灌装机可以优先考虑。

（7）尽可能选购操作维护简单、配件完备、全自动连续供料机构，这能提高灌装效率，降低人工成本，适合企业的长远发展。

灌装机

★百度图库，网址链接：https://image.baidu.com/search/detail

（编撰人：莫嘉嗣，漆海霞；审核人：闫国琦）

171. 光纤激光打标机有哪些优点？

自从光纤激光打标机出现之后，就以优秀的性能被广泛使用，如今已经应用于塑料与橡胶、金属、硅晶片等多种材料上，光纤激光打标机的优点主要如下方面。

（1）雕刻精度高。光纤激光打标机的标记清晰、持久、美观。雕刻精细，最小线宽可达0.04mm。许多数据都可以印在小塑料部件上。

（2）非接触式。光纤激光打标机，可在任何常规或不规则的外观打标印刷，而工件经过打标后不会产生内部应力，保证工件的原始精度。不腐蚀工作表面、无磨损、无毒、无污染。

（3）永久性。环境的变化（接触、酸性和碱性气体、高温、低温等）不会导致标记消失。

（4）防伪性。激光打标技术在一定程度上具有很强的防伪能力，不易复制和改变。

（5）加工效率高。加工效率高，打标速度快。计算机控制下的激光束可以高速移动（5～7m/s），标记过程可以在几秒钟内完成。

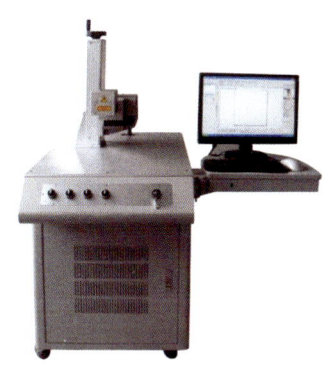

光纤激光打印机

★百度图库，网址链接：https://image.baidu.com/search/detail

（编撰人：莫嘉嗣，漆海霞；审核人：闫国琦）

172. 滚揉机的操作有哪些使用规范？

滚揉机操作人员必须经过培训上岗，滚揉机在运行时突遇故障或者是其他临时性问题，不得擅自拆装，必须经过专业人员的现场指导或者交由专业的工作人员进行处理，保证安全性。

（1）滚揉机加料。启动真空泵，当吸入管达到一定的负压时，将吸料管连接吸料。

（2）使用真空泵抽真空，保持真空度。

（3）控制运行时间。滚揉机有一个特殊的时间设定按钮，可以根据不同的需要设置，使其发挥最大的效率，时间从几秒到几小时不等。

（4）可以通过控制面板上的滚动时间来设置滚揉时间，滚揉机在生产的时候会有一定的时间间隔，可以根据不同的需要进行定制，简单和容易。间歇时间和工作时间分别设置，拥有独立的时间控制按钮。

（5）将控制面板上的旋钮转到"运行"，真空泵和气动旋钮转向"打开"，机器开始按设定模式运行。

（6）工作结束后，停止滚揉机，将控制面板的旋钮旋转到停止位置，如设定了工作时间，机器将在工作时间后自动停止运转。

（7）工作结束后要出料清洗，待滚筒内外压平衡后，料筒将会释放，在物料释放后，进行设备清洁，使用专业的清洁用水清洗，最后用清水冲洗。

滚揉机

★百度图库，网址链接：https://image.baidu.com/search/detail

（编撰人：莫嘉嗣，漆海霞；审核人：闫国琦）

173. 果酱预热器的优点是什么？

果酱预热器是食品工业中最常见的机械设备之一，它是为一些水果和蔬菜开发的一种机器，用来在果浆破碎后加热。

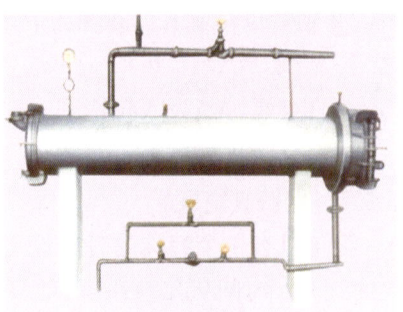

果酱预热机

★百度图库，网址链接：https://image.baidu.com/search/detail

预热器是一种热气流交换器，物料通过悬浮和热气体流动，然后加热。果酱预热器是生产水果和蔬菜酱的不可或缺的机器。水果被认为是非常酸的，如果它被直接加热，因为成分被破坏，酸溢出。通过预热器对预热果浆的使用，使酶的活性受损，防止脱色和果胶水解，使组织中的果胶浆溶解，避免浆液分层，也有利于后续工序的处理。

（编撰人：莫嘉嗣，漆海霞；审核人：闫国琦）

174. 果蔬气泡清洗机工作原理和流程是什么？

果蔬气泡清洗机适用于蔬菜、水果、水产品、中草药等颗粒状、叶类、根茎类产品的浸泡冷却及清洗等，清洗用水可循环利用，为多用途设备。果蔬气泡清洗机采用优质不锈钢制造、网链输送，由旋涡式充气增氧机供气，循环不锈钢水泵进行二次清洗。清洗时间可以根据实际状况用手动无级调速电机调节控制。清洗后的物料被输送到风干区，在风机吹出的清洁风的带动下，除去物料表皮水分，为进入下一步骤做好准备。

气泡清洗机的原理主要是利用箱体注入适量的水，通过加热管加热水，原料经过箱体时，将在泡沫机和水的作用下做翻滚状态，并随网带连续前进。

果蔬泡沫清洗机采用不锈钢制造，经久耐用，设备和材料不会损坏，从而达到洗洁净高、省力、节水、设备稳定、可靠等效果，它的清洁程度是人工清洗的3倍多。水果和蔬菜气泡清洗机使用高压水流和气泡发生器清洁物体表面，泡沫破裂时接触物体的能量，将会对被清洗表面有冲击的作用。

水果和蔬菜的泡沫清洁机工作过程：将切好的蔬菜、水果，采用高压气泡水浴，使物料在水中翻滚，有效地分离沉淀物、蔬菜表面的污垢和杂质。清洁的污垢，经截网拦截，而干净的蔬菜，由传送带提升到下一个过程，在提升过程中再喷淋清洗。

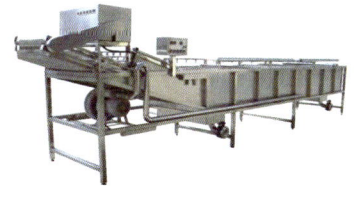

果蔬气泡清洗机

★百度图库，网址链接：https://image.baidu.com/search/detail

（编撰人：莫嘉嗣，漆海霞；审核人：闫国琦）

175. 果蔬清洗机的使用有哪些注意事项？

随着人们对食品健康的关注度越来越高而产生并发展的，果蔬清洗机的主要技术含量在洗涤桶中，这是蔬菜、水果清洗和杀菌、杀毒的地方。果蔬机清洗机虽然现在还没有大范围的普及，但是相信在不久的将来，会受到更多关注健康的人们的青睐。使用时注意事项如下。

（1）洗水果和蔬菜，一般都是比较短的食物，但是当你遇到像山芋这样较长的食物时，请将食材折断后放入果蔬机中，确保杀菌效果。

（2）主要用于清洗水果和蔬菜，易碎物品或易损坏物品等不能放入果蔬机中清洁，以免对产品造成损坏。

（3）在使用过程中要特别注意，不要随意移动机器，或打开果蔬机的顶盖，以免出现溢流现象。

（4）要注意不要把热水加进果蔬清洗机里，这会对机器造成损害。

（5）使用后及时清洗机器，避免体内产生异味或滋生细菌。一般清洁剂和洗涤灵都可以使用，但不要使用汽油、油漆稀释剂擦洗，也不要喷洒消毒剂，以免引起果蔬机纹裂、触电和火灾。

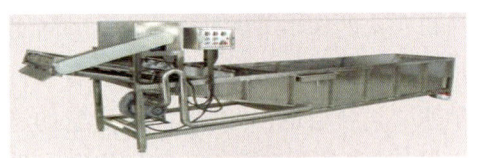

果蔬清洗机

★百度图库，网址链接：https://image.baidu.com/search/detail

（编撰人：莫嘉嗣，漆海霞；审核人：闫国琦）

176. 果蔬清洗生产线加工之前需要做哪些准备工作？

（1）果蔬清洗生产线工作流程。人工挑选→整理→切根→蔬菜粗洗机→去农残→精洗机→切割→漂烫→冷却→风干沥水→速冻包装或者烘干包装、脱水包装→包装配送。

（2）加工之前准备工作。

①准备工作。用洗涤剂清洗星盘池。准备篮子、砧板、刀具、防水围裙、笊篱和板凳等，了解蔬菜品种和数量。

②挑摘。青菜，去掉黄叶、菜梗、虫、异物和腐烂的部分。卷心菜和大白菜在切割前应去掉黄叶、异物、保鲜纸和腐烂的部分。切菜时，把菜的根茎部分完全去掉。

③浸泡/洗涤。水与盐的比例约为100∶1，浸泡时间约20min。浸泡后，应仔细清洗。

④清水冲净，冲洗15min左右，彻底清洗。

⑤装篮。装入指定的篮子，并整齐摆放到指定位置控水。控水时保持清洁，防止交叉污染。

⑥清理现场垃圾。在指定的位置放置围裙、笊篱和板凳等用品。将星盘池、地板、墙壁和下水道等清洗干净。

（3）蔬果清洁生产线注意事项。

①卫生控制。在采摘时应保持地面卫生。

②成本控制。最后一池清洗蔬菜的水储存在洗菜池中以供最终拖地使用。根和黄叶去除以不可用为准。隔天蔬菜会腐烂，应该避免清洗过多。当一次用不完的时候，蔬菜要及时冷藏（散开）。

③质量控制。拆包装及挑摘时应注意避免包装袋（绳）或塑料片、保鲜纸片混入菜中。切剁包菜、大白菜时应认真观察有无虫子及腐烂等异常状况，并做及时处理。清洗时应及时清理夹杂在蔬菜中的虫子、异物等垃圾。经理（或助理）对清洗的质量进行监控。清洗后应及时更换清洗池内的清水，最后把星盘池内的泥沙清理干净。

果蔬清洗生产线

★百度图库，网址链接：https://image.baidu.com/search/detail

（编撰人：莫嘉嗣，漆海霞；审核人：闫国琦）

177. 红枣烘干机使用有哪几个步骤？

（1）红枣烘干机烘干红枣可分为3个阶段。

①预热阶段。目的是使红枣从皮到果肉逐渐受热，提高枣体的温度，为大量

蒸发水分做准备。

②蒸发阶段。目标是使枣的游离水少许蒸发。

③烘干完成阶段。目标是使枣体内的水分含量比较均匀一致，使枣体内水分趋于平衡。随着红枣的逐渐干燥，干燥产品应实时连续卸出（详细的干燥过程将由专业人员仔细指导）。

（2）烘干水平。人工干燥的目的是消除因雨烂浆，尽力做到红枣的良好品相。干燥时间，取决于天气状况。在下雨的情况下，有必要将枣果干燥成制品，将枣子放在烘房内，增加火力，水气不净容易腐臭。如果天空是清朗的，也可以烤到七到八成干，然后抓住好天气进行晾晒，品质也会更好。

（3）散温贮藏。烘出的干枣，必须严加注重透风散温，需2~3d，方可堆入储存。有的处所不注重散热，将刚从烘房烘干卸出的红枣，立刻堆放1m多厚于库房，因为红枣含糖量高，在热的感化下，糖分发酵，枣味变酸，影响枣的质量。

烘干机

★百度图库，网址链接：https://image.baidu.com/search/detail

（编撰人：莫嘉嗣，漆海霞；审核人：闫国琦）

178. 花生脱壳机使用有哪些注意事项？

花生脱壳机是用于花生脱壳的专业设备，该机集花生脱壳、壳仁分离于一体，具有结构简单、操作方便、电耗低、噪声小等特点。

花生脱壳机有机架、风扇、转子、单相电机、筛网（有大、小两种）、入料斗、振动筛、三角带轮及其传动三角带等组成。机具正常运转后，将花生定量、均匀、连续地投入进料斗，花生在转子的反复打击、摩擦、碰撞作用下，花生壳破碎。花生粒及破碎的花生壳在转子的旋转风压及打击下，通过一定孔径的筛网（花生第一次脱粒用大孔筛网，清选后的小皮果更换成小孔筛网进行第二次脱壳），这时，花生壳、花生粒受到旋转风扇的吹力作用，重量轻的花生壳被吹出机体外，花生粒通过振动筛的筛选达到清选的目的。使用时的注意要点如下。

（1）使用前必须彻底检修机器的固体部件，包括旋转的部位是否灵活，并且检查轴承内部有没有足够的润滑油，把机器稳定放置在地面上。

（2）在使用之前，最好检查一下电源开关。

（3）机械启动后，机械转子的转向应与机械所指的反方向一致。可以先测试一下，看看是否正常。

（4）在操作过程中，应均匀适当地送花生，避免出现铁屑和石头等杂物。

（5）机器在使用一段时间后，在停止使用之前必须进行彻底的清洁和清理污垢的外观，包括在清洗机械中残留的颗粒。机器必须放在干燥的地方，避免阳光照射。

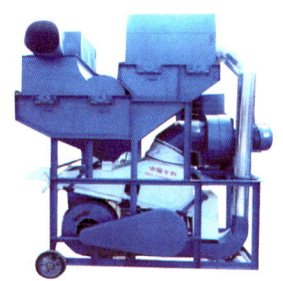

花生脱壳机

★百度图库，网址链接：https://image.baidu.com/search/detail

（编撰人：莫嘉嗣，漆海霞；审核人：闫国琦）

179. 花生脱壳机如何存放？

随着技术的进步，经济的发展，购买花生脱壳机的用户越来越多，但是有不少用户由于没有真正掌握花生脱壳机的正确存放方法，导致其使用寿命缩短。花生脱壳机如何存放，需要注意以下几个方面。

（1）使用前，检查紧固件是否拧紧，转动部分是否灵活，各轴承是否有润滑油，以及脱壳机是否稳定。为了保证操作者的安全，电机的外壳必须接地（电机的外壳与接地体连接可靠）。

（2）脱壳机使用后，存放之前，机械外观应清洁灰尘、污垢和内部剩余粮食和其他杂物，然后用柴油清洗轴承和其他各部位，干燥后涂上黄油，对涂漆部分再涂油漆，油漆干燥后将机器覆盖好，储存在干燥的仓库。皮带应该拆下，挂在不被日晒的室内墙壁上。

花生脱壳机

★百度图库，网址链接：http://image.baidu.com/search/detail

（编撰人：莫嘉嗣，漆海霞；审核人：闫国琦）

180. 家用榨油机如何防"堵"？

家用榨油机械系成套组合设备，组合设备中各种机械发生故障后，可按下列方法排除。

（1）皮带打油不提料。主要原因是斗式提升机的输送机下部油料储存过多，导致堵塞，打开输送机下部的板门，去除积聚的油料即可。

（2）筛布油料走单边。如果筛面不是水平的，左右吊杆的长度应该调整。如果在筛网中有扭转，可以调整偏心轴，使其垂直于框架。如果是去石筛面油料走单侧，可以调整机架使之水平；如果气流不均匀，调整风箱的挡风板，使气流均匀地流向屏幕。如果筛分率较低，则应更换新刷或刷的长度，并调整平筛的倾斜角。

（3）滚轴超载不转。如果在启动时滚筒之间有油料，可以松开轧辊调节螺栓，将油从滚筒上清除。如果喂料太快太多，可将下料口处插板关闭。如果轧出的坯料厚度不均匀，调整轧辊缝间隙，拧紧松动的螺母。

（4）上锅蒸坯不均匀。检查时，如果蒸烘机喷汽孔被堵塞或腐蚀，喷汽孔应进行疏通。如果原料在中下锅内糊锅底，调整刮板与锅底之间的距离；如果刮板扭曲磨损，则应更换刮板。如果坯料蒸炒生熟不均匀，应调整限位开关、触头和浮板，以使其动作协调。

榨油机

★百度图库，网址链接：https://image.baidu.com/search/detail

（编撰人：莫嘉嗣，漆海霞；审核人：闫国琦）

181. 酱腌菜巴氏杀菌机如何操作？

酱腌菜巴氏杀菌机适用于各种类型低温肉食制品、水果罐头、果汁饮料、蔬菜汁饮料、酱腌菜、酱菜、盐渍菜、腌渍菜、大酱、泡菜、榨菜、山野菜、果酱、果冻、豆制品、奶制品等真空软包装食品、软管软瓶包装物、玻璃瓶包装的酱菜、酱腌菜、果酱、罐头包装物的灭菌。巴氏杀菌机还适用于水果、山野菜及其他特种果品蔬菜的漂烫或预煮等工序。酱腌菜巴氏灭菌设备使用注意事项和维护方法如下。

为了作业安全及顺畅，每次作业前的检查很重要，务必逐项检视无误后，才可开始作业。

（1）开关箱的检查。无保险丝开关的电源线是否松动，若松动必须拧紧。

（2）定期检查电器和电机，风机是否正常运行。注意：请关闭总电源以避免触电，电气检查应专业人员检查以避免不必要的损失和危险。

（3）确认和调整各部件间的链条和网带的张力。

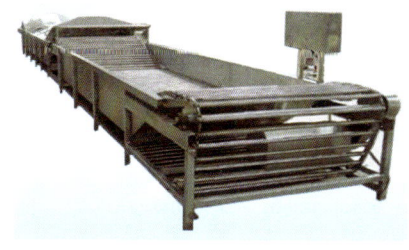

巴氏杀菌机

★百度图库，网址链接：https://image.baidu.com/search/detail

（4）看电机正反转，还有冷却风扇电机正反转，请将配电箱下方端子两相调换，电机反转也将端子下方的电机线交换。注：如果更换电机或水泵，请注意电机和水泵的正向和反向旋转，以及冷却风扇的正反转。如果反转把配电箱中散热器风扇端子两相调换。如果更换电机，电机散热风扇反转，导致电机散热不良对电机造成损坏。

（编撰人：莫嘉嗣，漆海霞；审核人：闫国琦）

182. 辣椒烘干设备产品怎样进行温度控制？

辣椒烘干设备是批量化生产用的连续式干燥设备，用于透气性较好的片状、条状、颗粒状物料的干燥，对于脱水蔬菜、中药饮片等含水率高、而物料温度不允许高的物料尤为适合，具有干燥速度快、蒸发强度高的优点。

（1）正确掌握烘烤温度。经过多年的实验，实践经验认为46～55℃是最好的辣椒烘干温度区域。通常在辣椒含水率降至50%前，可以选择46～50℃温度缓慢烘烤，之后用50～55℃进行较快升温烘干。总而言之，高含水量辣椒烘烤升温应缓慢，含水量少时，升温速度稍快，使辣椒的保存和形成更多的风味物质，提高了食用品质，防止干辣椒变色反应。

（2）适时适量通风排湿。新鲜的红辣椒含有80%的水分，烘烤时，它会释放大量的水分，这将直接影响干辣椒的颜色。因此，我们应注意加强通风和湿度管理，使辣椒能够保持稳定和适当的失水率。通风排湿的控制以干湿温差为标准，一般湿球温度保持在38～39℃，温差在6℃以上（不含6℃）。

烘干设备

★百度图库，网址链接：https://image.baidu.com/search/detail

（编撰人：莫嘉嗣，漆海霞；审核人：闫国琦）

183. 沥水蔬菜风干机与传统干燥除水有什么不同？

沥水蔬菜风干机是蔬菜或果品等物料由加料器均匀地铺在网带上，由传动装置拖至烘干加热段，沥水蔬菜风干机通过若干次均匀的热质循环交换，使物料在干燥段内完成整个烘干脱水冷却过程，烘干后的成品被连续运出，进行包装或进入下一道工序。

它是利用空调除湿的原理，干燥的空气被迫在食品中循环，使水分逐渐减少到干燥的过程。低温和低湿度的空气在强制循环中不断吸收食物表面的水分。到达饱和状态的空气通过蒸发器，冷却并析出水，由收集器将水从储层排出。蔬菜经过灭菌包装后，有大量的残留水，沥水风干机有效去除了表面的水滴，有效缩短了贴标、包装的工作，适合流水线作业，提高了企业生产自动化。

与传统的干洗方法相比，沥水蔬菜风干机操作简单，使用方便（只需插入电源），高吸水率（高达99%），包装表面没有污染。

沥水蔬菜干燥机除去水后可以直接包装，实现连续操作（与连续工作杀菌机配套使用），把灭菌后产品放入输送网带，经风干机产生的气流经喷嘴喷射而出，而吹干风温为常温，有效地保护了物料本身的颜色和品质，从而达到包装除水、油渍和水垢等效果，即可装箱入库。

沥水蔬菜风干机与杀菌流水线配套使用，置于杀菌线后部。特别适用于灭菌后的高低温肉制品、蔬菜制品等袋装产品的干燥工作。

沥水蔬菜风干机

★百度图库，网址链接：https://image.baidu.com/search/detail

（编撰人：莫嘉嗣，漆海霞；审核人：闫国琦）

184. 连续滚动式真空包装机加热条怎么更换？

（1）操作人员在更换加热棒之前，需要先将电热棒中间的螺栓取出，然后取出电热棒。

（2）在电加热棒两端取下加热丝。

（3）然后将电加热棒两端的水管拆下，取出电热棒。

（4）在加热棒两端松开压紧螺丝，取出旧的加热条。

（5）有必要手动检查底部的涂层胶带是否有损坏。如果有损坏，请更换。

（6）操作人员最好使用酒精或汽油来清洁加热棒和加热条，以确保加热棒和加热条是干燥无杂质的。

（7）将胶带粘到加热棒的表面，并要求粘贴平整，不允许有皱纹。漆布胶带主要为了绝缘。

（8）镍铬合金带先固定在加热棒一端，另一端用专用的扳手拧紧后上紧压片，将镍铬合金带固定好，两端多余部分用剪刀剪掉，以避免碰到托板造成短路。

（9）将外层漆布胶带贴好即可。

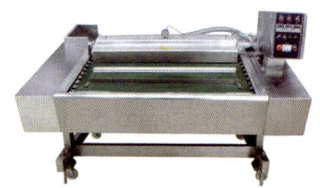

连续滚动式包装机

★百度图库，网址链接：https://image.baidu.com/search/detail

（编撰人：莫嘉嗣，漆海霞；审核人：闫国琦）

185. 粮食烘干机有什么特点？

近几年粮食烘干机迅速发展，有效减少了粮食发生霉变的现象，促进我国农业的快速发展。粮食烘干机特点如下。

（1）顺逆流烘干机，逆流冷却。冬季收获后的高水分玉米由于它的高湿度和低温，可以使用高温的热空气流干燥。用顺流烘干，加热效率非常高，排出的废气几乎饱和，当粮食的温度已经上升到超过30℃，含水量低于22%，切换到逆流干燥，可以继续有效降低水分。逆流冷却可以用来确保热的谷物被缓慢冷却，以防止夹生粮。

（2）烘干—缓苏。在谷物干燥后设置缓冲段是非常必要的。在不提供热风的缓苏段，这一缓慢的过程不仅节能，而且保证了谷物的质量，避免了惊纹的产生，并减少了干燥后的机械损伤。

（3）变温干燥。烘干机的粮食随着干燥过程的升温，水分也减少了。根据粮食调水原理，有利于节约能源，保证粮食品质。

（4）独特的通风漏斗。在烘干机中粮食停留的时间超过7h，整个干燥升温降水量是一个温和缓慢的过程，达到高效率、低消耗、节能和高品质的目的。

粮食烘干机

★百度图库，网址链接：https://image.baidu.com/search/detail

（编撰人：莫嘉嗣，漆海霞；审核人：闫国琦）

186. 脉动真空灭菌器如何处理常见问题？

（1）什么是脉动真空灭菌器？优势是什么？脉动真空灭菌器采用具有多重真空和多重填充蒸汽的灭菌器，杀菌彻底，工作效率高，对物品的损坏程度轻，操作室内温度正常，节省能源、人力和物力，是一种良好的杀菌设备。

（2）为什么脉动真空灭菌器灭菌快？因为柜内和包内空气有98%，提前排气，包内部和外部层温度均匀一致，杀菌率为99.9%，温度可以达到132℃，此两个重要的因素可以达到彻底消毒。

（3）灭菌器的适用范围。适用于高温的医疗器械和物品的灭菌，不适用于油类和粉剂灭菌。

（4）灭菌物品装柜的要求。

①布包类必须清洁、干燥、无破洞、透气性强、大小适宜、一用一清洗。

②物品包捆扎不得过松过紧，布包体积≤25cm×25cm×30cm，重量≤5kg，器械包体积≤30cm×30cm×50cm，重量≤7kg，尽量器械包和布包分开包装，器械之间用衬垫隔开，以保证灭菌效果。

③为了保证真空与空气流通，贮槽应打开孔，盒应打开盖，不得密不透气，总装量不得超过柜室的90%，也不得少于柜室容积的10%，否则影响灭菌效果。

④将难于灭菌大包放于上层，较易灭菌的包放在下层，金属物品放下层，织物放上层，物品装放不能靠近柜壁。

脉动真空灭菌器

★百度图库，网址链接：https://image.baidu.com/search/detail

（编撰人：莫嘉嗣，漆海霞；审核人：闫国琦）

187. 毛刷辊蔬菜清洗机有哪些使用注意事项？

毛刷清洗机外形美观，操作方便，清洗（脱皮）容积大、效率高，耗能小，可连续工作。刷辊材料经特殊工艺处理，经久耐用，设备采用优质不锈钢制作。该机主要由电机、变速器、8～13支毛刷等组成。广泛适用于土豆、冬瓜、生姜、马铃薯、红薯、猕猴桃及各种萝卜、芋头等根茎类果蔬的清洗、脱皮。该机可单独清洗，也可清洗、脱皮同时工作。在操作过程中注意以下事项。

（1）在蔬菜清洗机的刷辊出厂前必须进行清洗、包装，因为在生产过程中会产生大量的碎毛，所以要在包装前对刷丝进行梳理，并清理掉碎毛。

（2）蔬菜清洗机从生产厂家到使用厂家运输过程中，为了防止杂物、灰尘对刷丝的侵色，使用包装盒、包装袋等进行包装，以防止刷辊损毛现象的发生。

（3）在使用前，小心不要将刷子暴露在外（没有经过任何包装），不要放在地面或任何其他受污染的环境中。

（4）蔬菜洗涤机刷辊使用时压力必须适当，压力小清洗时间长，清洗不干净，高压会损坏产品。

（5）当蔬菜清洗机的刷辊不使用时，将轴头放置在木材的顶部，保持刷子的直立和清洁。

以上就是蔬菜清洗机毛刷辊的使用注意事项，不管什么机械设备，三分靠修，七分靠养。只要在蔬菜清洗机日常操作使用过程中多注意一些保养细节，不但可以提高设备的生产效率，还可以更好的延长设备的使用寿命。

毛刷辊蔬菜清洗机

★百度图库，网址链接：https://image.baidu.com/search/detail

（编撰人：莫嘉嗣，漆海霞；审核人：闫国琦）

188. 面粉机的组成与正确选择方法是什么？

面粉机是把粮食颗粒粉碎成面粉的设备，面粉机的动力系统在主轴上，它的配件排列顺序有轴承盖、向心球轴承、轴承垫、推力球轴承和向心球轴承。碾磨系统由装在主轴上的弹簧、弹簧垫、内磨头、调整螺母和外磨头组成。面粉机的分离系统安装在主轴上的刷子的上方，它是用刀片切割和高速气流的冲击、碰撞双重粉碎功能于一体，能同时完成微粒分选和加工。在磨面机的刀片切割粉碎过程中，转子会产生高速气流，这些高速气流会随刀片切割方向旋转，物料在气流中加速，因此被反复冲击并粉碎。

面粉机配有冷却装置，保证了材料的颜色、味道和质量。普通型具有良好的散热功能，可避免温度上升导致材料变质，可连续操作。

面粉机有比较完善的功能，机器在加工时不停机，可以随时清料，具有防阻塞功能。可确保设备的正常运行和各种物料的自动清洗和粉碎。混合均匀，粉末无残留，无循环粉碎，可保证各组分含量均匀性。饲料粒度不受限制，可以直接进入机器，不需要粗碎，适应各种不同含水量的物料，不需要干燥设备。

面粉机

★百度图库，网址链接：https://image.baidu.com/search/detail

磨床可单独使用或与其他设备配套使用，无建筑，无基础，无固定，安装方便，操作平稳。

（编撰人：莫嘉嗣，漆海霞；审核人：闫国琦）

189. 面条机操作要点有哪些？

（1）操作人员在使用前要仔细研究说明书，严格按照说明书操作。
（2）严禁逆转。
（3）开机前检查各个部件是否有异常现象，发现问题及时处理，以免造成事故。
（4）严防面粉中混入铁器或其他硬质材料，以避免损坏机器。
（5）回头面不能直接倒进面斗里。
（6）当机器运转时，严禁将手伸入辊、齿轮、链条、切刀等危险部位。
（7）严禁将面辊间隙调整为5mm以上运转。
（8）其他硬质材料严禁落入卷筒内。
（9）确保各部件润滑，每班两次灌装20～30#机油，切割机的表面和辊子表面，每班完毕后，加入少许食用油。

面条机

★百度图库，网址链接：https://image.baidu.com/search/detail

（编撰人：莫嘉嗣，漆海霞；审核人：闫国琦）

190. 微波灭菌设备特点有哪些？

微波能穿透物料内部，频率为2 450MHz，以每秒24亿5 000万次振荡，通过特殊的热和非热效应杀死细菌，与常规热力杀菌相比能在比较低的温度和较短的时间，就能获得所需的消毒杀菌效果。实践证明，一般在70℃就可全部杀死大肠杆菌，在80～90℃细菌总数大大降低，时间只需2～3min。速度快，时间短，因此能保留食品中的营养成分及传统风味。其特点如下。

（1）杀菌时间短，隧道式连续操作，可连接到流水线作业。

（2）杀菌温度低、均匀，微波本身没有热量，物料水分子的摩擦运动产热，所以温度均匀性好，杀菌更彻底、高效。

（3）选择性加热。由于水分子对微波的吸收最好，高含水量的部分比低含水量部分吸收更多的微波功率，这是选择性加热的特点，可均匀加热。

（4）脉冲调制的微波能用于杀菌试验，其灭菌的目的是在小温升的情况下实现。这也表明，微波灭菌不仅是热杀菌，而且还具有非热致死细菌的能力，称为非热效应。根据这个原理，可以在很短的时间内，几次高于传统的微波场能量密度或多次脉冲微波辐射的能量，不仅能可靠的杀死细菌，还可以大大减少温度上升的食物，以减少设备的能源消耗。

（5）节能。微波是对物料直接进行作用，所以没有额外的热量损失，炉子里的空气和相应的容器都不会发热，所以热效率高，生产环境有了显著的改善，相比远红外加热功率节省了30%。

（6）易于控制，技术先进。与传统的方法相比，设备即开即用；没有热惯性，操作灵活方便；微波功率可调。

（编撰人：莫嘉嗣，漆海霞；审核人：闫国琦）

191.磨面机在秋季如何正确维修和保养？

正确的维护和保养，不仅保证了操作人员的安全，而且提高了设备的效率，延长了设备的使用寿命。优良的设备保养是生产优质面粉的关键。因此，磨床的操作需要高质量的操作人员、熟练的操作技能、相互接触和相互影响。及时检查机油、泵油机，根据气温高低选用20～40#机油，或其他黏度相同的液压油，每6个月检查一次，以去除油中的杂质。

磨面机的各种传动部件必须紧固可靠，拆卸或磨面机安装应使用专用工具，禁止用手锤等工具直接击打。经常检查磨面机传动带的松紧程度，皮带过松会降低传动效率而影响研磨效果，过紧则容易引起轴承发热，增加动力消耗，降低传动带的使用寿命。最后一点就是要经常检查磨面机轴承温度，若温度过高，应检查润滑和传动部分是否正常，轧距是否过紧，然后查明原因，采取相应措施，情况严重时应停机检查。

磨面机

★百度图库，网址链接：https://image.baidu.com/search/detail

（编撰人：莫嘉嗣，漆海霞；审核人：闫国琦）

192. 碾米机操作注意事项是什么？

（1）原粮加工前必须清洗，以免由于碎片进入机器而损坏。

（2）开始加工前，先检查碾米机的连接紧固件，特别注意三角铁螺栓头的磨损情况，如磨损立即调换，否则三角铁不能固定，落入机器的内部使机器损坏。检查调整件和转动件是否灵活可靠，是否有碰撞现象，调整后关闭大刀门，开放小刀门。

（3）轴承上应定期加润滑油。更换辊筒、三角铁及米筛时，要检查润滑剂是否足够干净。

（4）操作时要注意安全。工作时不要接近带轮，最好在带轮上有一个保护罩以防止事故发生。

（5）在空载状态下启动动力机器，在正常运行后逐渐打开大刀门。调整到正常后，观察刀门的开度和刀与辊之间的间隙。

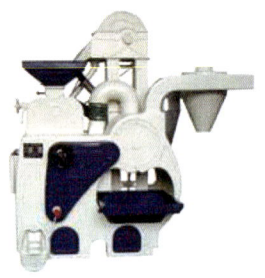

碾米机

★百度图库，网址链接：https://image.baidu.com/search/detail

（编撰人：莫嘉嗣，漆海霞；审核人：闫国琦）

193. 碾米机产品如何分类？

目前我国市场流行的小型碾米机产品有分离式碾米机、砻碾组合碾米机和喷风式碾米机3种类型。

分离式碾米机研制于20世纪70年代初，从结构来看，包括4部分。

（1）进料部分。由料斗、入料斗座、给料调节板等组成。

（2）碾白部分。由机盖、机箱、主轴、碾辊、米刀、米筛和压力门等组成。

（3）米糠分离部分。由风机、风管、分离器、集尘器等组成。

（4）机脚部分。由左右机脚、拉紧螺栓、溜糠板等组成。产品系列包括6NF-8至6NF-9型（横线后数字为米辊直径，单位cm），小时产量一般在50～1 200kg。

砻碾组合米机是20世纪80年代的产品，其结构比分离式碾米机增加了一套胶辊脱壳装置，采用先脱壳后碾白的工艺，减少碾米室的压力，所以加工米质好，米糠分离干净。

喷风式碾米机是20世纪80年代中期的一个产品，它分为单风道和双风道2种类型，其中单风道风米机以加工糙米为主，或采取先轻碾再碾白的过程。双风道喷气机一次可以完成脱壳碾白的功能。生产量每小时从200～300kg不等。轴向通风，不仅有利于稻谷在研磨室脱壳、碾白，有效去除稻谷中糠含量，使加工成品米光亮，而且米温低，大米易存储，由于上述优势和良好的性价比，逐渐成为近年来市场的主流品种。

碾米机

★百度图库，网址链接：https://image.baidu.com/search/detail

（编撰人：莫嘉嗣，漆海霞；审核人：闫国琦）

194. 小型碾米机如何维护与调整？

（1）米刀的调整。米刀的调整是调整米刀与滚筒之间的间隙。如果间隙较大，则碾白室的压力较小，米在滚筒中受到的摩擦力较小，所以米不能磨细，但出米率较高。

（2）进出口闸刀的调整。当进口闸刀开大，出口闸刀关小，碾白室的谷粒增加，压力增加，这样碾出的米色为白色，但碎米较多。反之，如果进口闸刀很小，出口闸刀较大，碾白室的存米较少，压力减小，碾出的米更粗。

（3）具体操作调节措施。

①米刀与滚筒之间的间隙应适当，间隙不应小于米粒的横向直径。否则，米粒很容易破碎。间隙不应大于米粒的纵向直径，否则颗粒粗大。因此，米刀之间的间隙应该在米粒纵、横向直径之间进行选择。在调整米刀的间隙时，需要有一点斜角，即靠近出口闸刀一端的间隙稍微大一点，这样碾出的米就更完整了。

②进出口刀应紧密配合。一般来说，闸刀的开度可以控制在整个开度的1/2，不超过2/3。在碾米过程中，一般不要将进口闸刀拿掉，让所有进口开放，因为进口刀都打开，谷物太多，碾白室压力过高，转动阻力大，如果出口闸刀当时没有配合好，传动皮带会产生打滑，甚至机器会卡死或损坏。出口闸刀灵活掌握，米刀间隙和进口闸刀开度按规定调整后，加以固定，通常只要机手右手操作出口闸刀，左手伸出在出口下端接纳米粒，观察米粒是否完整，米色是否白净。如果碎米多，可以开大出口闸刀；如果米粒粗糙，可以关小出口闸刀。在铣削过程中，两者都要考虑到，直到大米的质量达到要求。

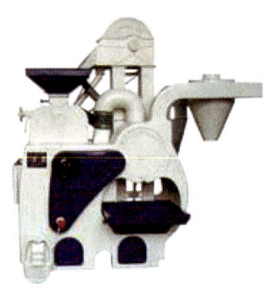

小型碾米机

★百度图库，网址链接：https://image.baidu.com/search/detail

（编撰人：莫嘉嗣，漆海霞；审核人：闫国琦）

195. 碾米机产品有什么选购要点？

消费者在选购产品时，不要单纯从价格或经销商的宣传而定，而尽量选择生产规模较大的正规生产厂家的产品。

（1）应检查厂名、厂址是否齐全。

（2）是否有省级以上质检部门出具的检验报告以及推广鉴定证章，产品的安全警示标志是否齐全，产品上是否贴有出厂检验合格证。

（3）详细阅读使用说明书，对安装、调试、操作、保养、简单的故障修复、安全注意事项等，是否进行了详细的描述，是否带有三包凭证。应注意与同类产品进行观察和比较。

采购时，第一，检查产品的整体外观和漆膜是否完好，裸露铸件表面是否光滑无砂眼。危险部位是否有警示标志；隔板、送料装置、压砣等调整是否灵活，角度是否满足要求。第二，用手转动皮带轮，感觉机器运行灵活，没有滞后现象和异常摩擦；第三，打开机器上端盖，检查碾米辊和碾米室内表面是否经过加工和光滑，米刀是否灵活和方便调整；第四，如果可能的话，应该在现场安装电源，空机运行，检查机器声音是否均匀，机体是否振动剧烈，有条件的应进行负荷试验，对实际加工效果进行评估；第五，检查包装盒上的附件及相关材料和证书，填写"三包"凭证，并要求卖方开具发票。

消费者购买后，应在短时间内完成安装调试工作，认真阅读和理解产品说明书后进行实际加工。在一年之内，产品质量问题可以按照《农机产品修理、更换、退货规定》及时要求销售商解决。否则，可以向当地消费者协会投诉。

（编撰人：莫嘉嗣，漆海霞；审核人：闫国琦）

196. 喷淋杀菌机安装调试的基本要求有哪些？

喷淋杀菌机是采用热水循环喷淋杀菌，温水预冷、冷水冷却的多段式处理方式，杀菌温度和时间任意调节，适用于各种易拉罐、PET瓶、玻璃瓶等饮料的巴氏杀菌，性能稳定。喷淋杀菌机以多段的短时间加热杀菌，避免了食品处于长时间的高温、高压，生产出来食品的风味、口感几乎不变，喷淋杀菌机改变了传统的食品杀菌方式。喷淋杀菌机的安装调试要求如下：

（1）本机应安装于水平、坚硬的地面上，并具备排水设施。

（2）对接机器，旋转支脚螺栓，调试机器水平。

（3）检查各部螺栓电机，固定件是否松动。

(4)接通电源,检查电机的运转方向是否正确。

(5)检查网带松紧是否适度,且不跑偏。

(6)接地线保护。

喷淋杀菌机

★百度图库,网址链接: https://image.baidu.com/search/detail

(编撰人:莫嘉嗣,漆海霞;审核人:闫国琦)

197.气泡清洗机设备的操作有哪些注意事项?

气泡清洗机适用于果蔬原料的清洗,冲洗水经过过滤后循环使用,自带提升、方便连线。气泡清洗机设备操作注意事项如下。

(1)先检查设备各部件是否完好无损,检查结束后打开进水阀门,使水到达回流水位,关小阀门,打开鼓风机、循环水泵、输送带,将物料倒入筛板上,根据物料不同调节循环水泵压力来保证物料在水中的停留时间以确定物料清洗更彻底。调节输送带速度使物料再次喷淋清洗,后在输送过程中滤掉水分,物料经输送带流入框中备用。

(2)使用过程中要根据物料不同定期清理过滤器,定期清理、排污;适当调节进水和喷淋给水量使清洗更节水。

气泡清洗机

★百度图库,网址链接: https://image.baidu.com/search/detail

（3）输送带驱动减速机采用可调速结构，用户可根据不同物料调节传动速度使物料二次喷淋清洗、滤水更彻底，以提高设备利用率。

（编撰人：莫嘉嗣，漆海霞；审核人：闫国琦）

198.气泡清洗流水线操作时有哪些注意事项？

气泡清洗流水线是由气泡清洗段、高压喷淋清洗段、成品挑选区等组成。物料通过气泡清洗段，刷洗蔬菜表面的大部分泥沙，自动提升到高压清洗环节，进行蔬菜的彻底清洗。喷淋段采取可调节喷头，控制喷头出水量，更好地保护蔬菜表皮，达到产品出口标准要求。以下是气泡清洗流水线操作时的注意事项。

（1）操作高压清洗机，始终佩戴适当的护目镜、手套和口罩。
（2）保持手和脚不接触清洁喷嘴。
（3）检查所有电接头连接。
（4）定期检查所有的液体。
（5）定期检查软管是否有裂缝和泄漏。
（6）当没有使用喷枪时，总是需要设置触发安全锁状态。
（7）工作时要尽可能用最低压力，但这个压力足以完成工作。
（8）在断开软管连接之前，一定要把清洗机压力释放。
（9）每次使用后，都要将软管水排出。
（10）不要将喷枪对准自己或其他人。
（11）在检查所有软管连接器已锁定到位之前，不要启动设备。
（12）不要提前启动装置，并让适当的水流通过喷嘴，然后将所需的清洗喷嘴连接到喷枪。

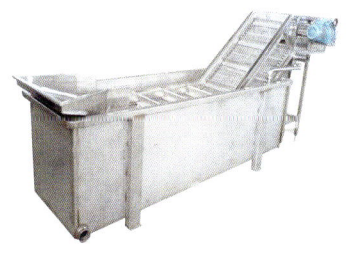

气泡清洗流水线

★百度图库，网址链接：https://image.baidu.com/search/detail

（编撰人：莫嘉嗣，漆海霞；审核人：闫国琦）

199. 如何巧用微波炉作为微波杀菌设备?

使用微波炉对饭菜进行加热解冻，用微波炉煮菜蒸饭，用微波炉烤鱼，用微波炉烤虾，用微波炉制作甜点，用微波炉做爆米花，相信很多人都会，但微波炉的另外一个功能，微波杀菌却很少被人所利用，这里通过一个应用实例来说明微波炉巧用为食品杀菌设备。

微波炉是利用电磁场对材料进行微波加热、干燥、杀菌。微波加热是一种极高频的电磁振荡效应，对具有电极性的材料分子产生了强烈的振荡，使得分子的排列方式发生了剧烈的变化，其效果与"摩擦"相似，从而加热物体，这一过程将微波电磁场的能量转化为热能。水分子为极性分子，强烈吸收微波。当水分子接触到足够的微波辐射时，它会迅速吸收微波。

微波杀菌是微波加热效应和生物效应的产物。微波对细菌的热效应是使蛋白质变性，这使细菌失去营养、繁殖和生存的条件。微波电磁场的生物效应在细胞膜电位分布的横截面上发生变化，影响到周围细胞的电子和离子浓度，这改变了细胞膜的通透性能，使细胞营养不良，不能正常的代谢，细胞结构功能紊乱，生长受限和死亡。此外，决定细胞正常生长和稳定的核酸（RNA）和脱氧核糖核酸（DNA）是由许多氢键紧密相连的大分子。足够强的微波场会导致氢键的松弛、断裂和重组，从而导致基因突变，或染色体畸变，甚至破裂。微波灭菌是利用电磁场的热效应和生物效应对生物的破坏作用，因此，微波杀菌温度低于传统方法，达到70~105℃，只需要3~5min。

（编撰人：莫嘉嗣，漆海霞；审核人：闫国琦）

200. 切菜机安全操作规程有哪些?

在餐饮行业中，每天供求人们饮食的需求量是非常大的，那么就要有很多菜品的供应，当菜运输到餐厅的时候，是完整的，当然就需要把各种菜切成厨师们所需要的形状，才能进行烹炒。那么切菜机就是一个很好的切菜机械，它真正方便了现在的餐饮业和各大需求地。

操作前的准备工作。在使用切菜机前，一定要检查设备和各部件是否完好，切割刀片够不够锋利。主要是它的线路是否安全，因为在厨房中使用，不可避免会遇到水，所以检查电路，以免造成短路的情况，以及人员伤亡。然后，切割机的传送带和刀片要用热水清洗后使用。这样做之后，打开电源，看看空转是否正常操作前，可根据自己的要求调整切割机的厚度和切割机的形状功能。然后把需要切的菜放上去，打开电源，进行正常的切菜。但是记住，千万不能逆向操作，这是非常危险的，然后把切好的菜放在传送带上，做最后的切制。

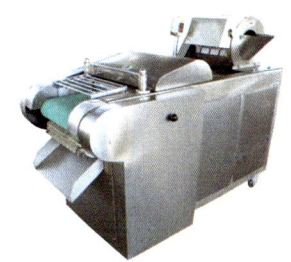

切菜机

★百度图库，网址链接：https://image.baidu.com/search/detail

（编撰人：莫嘉嗣，漆海霞；审核人：闫国琦）

201. 全自动热收缩包装机的性能特点是什么？

（1）专为啤酒、饮料、纯水、果汁、乳品等产品的全自动包装生产线设计。
（2）具有输送、搬运、涂装、密封、收缩、冷却等流程的全自动化功能。
（3）采用世界先进的薄膜恒温和热封技术，封口清晰牢固。
（4）密封快速冷却结构，确保在高速生产条件下密封强度高。
（5）自动循环控制PLC程序，性能稳定可靠。
（6）原装进口导向杆缸，保证了准确的运动和耐用性。
（7）感应开关控制送膜系统，可以可靠地控制薄膜长度，减少损耗。
（8）所有运输都是变频调速，输送平稳顺畅。
（9）独特的热收缩通道，热风循环系统，均匀的热平衡，收缩坚固美观。
（10）三层保温处理，保温性能好，加热快，节能。

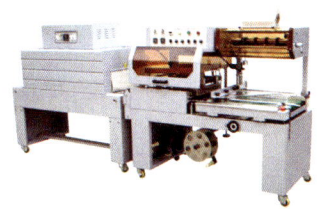

热收缩包装机

★百度图库，网址链接：https://image.baidu.com/search/detail

（11）增强型冷却设计通道使包装薄膜迅速成为高强度的状态，便于储存和运输。

（12）方便调整包装组合和瓶型变化，实现多用途功能。

（编撰人：莫嘉嗣，漆海霞；审核人：闫国琦）

202. 肉类风干机的原理和功能是什么？

采用空调的原理，主要就是将干燥的空气运来，然后让空气吸收食品上面的水，再将带有水的空气运走，一直循环这样的过程，这样水分就会不断的被带走。风干机主要是为了将一些蔬菜水果以及一些肉类进行风干，一方面是方便保存，另一方面是为了一些食品的加工，像我们吃的干果等都是经过风干机风干出来的。风干机的用途是很广的，在各个行业中都有应用，特别是食品行业中应用特别的广泛。

食品灭菌后会在表面留下水分等，利用空气干燥机可以缩短液滴的蒸发时间，从而大大提高效率，使企业的利润得到提高，这是风干机一个很好的用处。此外，空气干燥机的使用非常方便，操作方便。此外，除水的速度也很高。空气干燥机出水后可以直接下一步，而且使用干燥机不会造成二次污染，使用传统的空气干燥方法时间很长，在此期间可能会造成一定的污染，所以缩短时间是减少污染的一种方法。

肉类风干机

★百度图库，网址链接：https://image.baidu.com/search/detail

（编撰人：莫嘉嗣，漆海霞；审核人：闫国琦）

203. 肉丸自动成型机器的奥秘在哪里？

肉丸泛指以切碎了的肉类为主而做成的球形食品，在世界各地都有不同特色的肉丸制法。从种类来分主要有鱼丸与肉丸，从型式来分主要有包心丸与实心丸、条、棒、饺，从口味来分的话那就更多了，每个地方都有不同的特色与口味，如福州鱼丸、江苏鱼丸、台湾鱼丸（蛋）、潮汕牛肉丸、客家牛肉丸等。牛肉丸成型机是模拟人工用匙子成型的原理，经专业研究制造而成。

肉丸机适用于牛肉丸、猪肉丸、鱼肉丸、鸡肉丸、贡丸等肉丸的生产，肉丸有弹性、有韧性、长煮不散等特点。同时，该机具有工艺简单、操作方便、品种多样、口味自由变换等优点。

各种肉丸成型机的工作原理。首先，肉丸有不同的成型形式，有切割式和挖勺式。其次，不同机种面对肉质肉浆表现不一，速率也有差异，在成型原理上采用了料斗下端齿轮旋转成型后切割，用齿轮传动的肉质浆来模拟人工揉挤。还有一个包心（馅）式肉丸成型机，相对于实心丸成型机，多一个注馅系统，肉丸（皮）在旋转成型的过程中，中间的填充棒迅速将馅料塞进肉丸的内部，实现包心过程，皮馅大小精确控制。

肉丸自动成型机

★百度图库，网址链接：https://image.baidu.com/search/detail

（编撰人：莫嘉嗣，漆海霞；审核人：闫国琦）

204. 如何解除绿茶杀青的问题？

绿茶鲜叶杀青，是利用高温致使酶失去活性，阻止酚类物质发生酶促氧化，保持叶绿、汤绿的绿茶品质特征；适度散失水分（一般失重率在40%左右），便于做形（揉捻成条、理条压扁）。

目前，各种茶叶杀青设备种类繁多。从传统的瓶杀机，到连续滚筒杀青机、蒸汽杀青机，近年来，又开发了微波红外组合的一体机、燃气滚筒连续杀青机。

控制从简单顺反开关到数据控制，发生了质的飞跃。

（1）连续式滚筒杀青机。这种类型的机器使用更多的煤加热烤箱，温度不稳定，提升温度较慢，如果杀青叶在筒体内时间略长，容易产生焦边糊叶和"闷熟"现象，一般杀青情况下，叶子可以杀透杀匀，颜色和香味尚可，但制耗较高。

（2）蒸汽杀青机。目前所有的蒸汽杀青机主要热源由燃煤蒸汽锅炉提供，新鲜叶片通过蒸汽层钝化酶活性，由电热管加热槽脱去部分水分。该机杀青速度快，杀青叶色泽绿欠光泽，味道和香气平正，大多数有青叶气。

（3）微波红外组合杀青机。利用微波和远红外线热源，使用微波穿透性强的特点，使叶片温度迅速上升，钝化酶活性，利用燃气红外加热系统，促进活性物质的转换，加快水分损失，杀青质量好，基本保持新鲜的自然形状，叶子的颜色是绿色光亮的，茶香醇和。

（4）燃气滚筒连续杀青机。以天然气、液化气为热源的茶叶加工设备，是国家倡导的环保设备。基于茶叶杀青温度"先高后低""抖闷结合"的原理而采取多段控温、前端排湿设计的数控燃气连续滚筒杀青机，产能高于同类型号滚筒杀青机50%~100%；杀青叶色泽绿明，茶香纯正，无任何焦边糊叶。

绿茶杀青机

★百度图库，网址链接：https://image.baidu.com/search/detail

（编撰人：莫嘉嗣，漆海霞；审核人：闫国琦）

205. 如何解决灌装机出料不准的问题？

（1）速度节流阀和罐装间隔节流阀是不是封闭，节流阀不能封闭。

（2）快装三通控制阀内是否有异物，如有，请整理，快装三通控制阀和灌装头的软管内是否有空气，如有空气，将尽量减少或消除空气。

(3）检查所有密封圈是否损坏，如有损坏，请更换新的。

（4）灌装口阀芯是否有卡壳或延迟开孔，如果有卡塞，阀芯应该安装在一个良好的位置。如果延迟打开，需要调理薄型气缸节流阀。

（5）加强上下三通控制阀螺旋弹簧的弹性力，强力过大止回阀不会打开。

（6）灌装速度是否太快，调整灌装速度节流阀，降低灌装速度。

（7）卡箍和管扣是否密封好，如果没有，请修理好密封。

（8）磁性开关不松动，每次调整后请锁定。

只有深入地掌握了液体灌装机可能会出现的各种情况，才能更好地让液体灌装机工作。

罐装机

★百度图库，网址链接：https://image.baidu.com/search/detail

（编撰人：莫嘉嗣，漆海霞；审核人：闫国琦）

206. 如何判断蔬菜干燥机是否出现故障？

干燥机使用的风机采用节能高效型，冷凝水由疏水阀自动排出，物料槽采用不锈钢材料，符合国家卫生标准，但是在使用中，也容易出现故障，蔬菜干燥机常见故障如下。

（1）听声音。蔬菜干燥机运行时，各元件发出的声音若出现异常，需要确定声音的来源。

（2）看变化。仔细观察蔬菜干燥机各个仪表读数的变化，各个部件的连接情况，接合密封面是否泄漏，电动机的发热情况。

（3）闻气味。闻干燥机各个部件的油料是否有异常的气味。

（4）触碰。用手轻轻触碰机器的各个部件，感觉各个部件及电机的温度是否正常，同时也可以确定机器的连接情况和震动情况。

蔬菜干燥机的原理是利用热蒸汽干燥，所以有些泄漏出来的蒸汽会充满工作间，不及时排气容易造成车间温度过高，机器工作环境温度过高会使零部件出现故障，影响机器寿命。

蔬菜干燥机

★百度图库，网址链接：https://image.baidu.com/search/detail

（编撰人：莫嘉嗣，漆海霞；审核人：闫国琦）

207. 薯类干燥机的基本原理是什么？

薯类特种食品级带式干燥机在传统干燥机的基础上进行了功能升级，其实用性、能源利用率较高，广泛适用于各类地区性和季节性蔬菜、果品的脱水干燥。

薯类特种食品级带式干燥机是成批生产用的自动化连续式干燥设备，主要由带式输送机、漂烫机、蔬菜清洗机、自动上料机、干燥主机、燃煤热风炉、传动和控制系统等组成，可以自动进料出料，不仅用能少，而且生产效率高，操作比较方便。因为具备自动调温调速的功能，所以蒸发强度高，干燥速度快。

薯类特种食品级带式干燥机是烘干物料借助重力的作用，物料的均匀与翻身主要是通过物料从上层网带掉落到下层网带实现，再经过热风的充分接触进行干燥，水分的充分蒸发保证了干燥质量和物料均匀度。进、出料端在设备的两端，加料采用自动上料机，采用变频控制，可以根据各种物料的性质调节，出料端可以进行自动出料，简化了操作程序。

蔬菜脱水干燥机分别由加料器、干燥床、热交换器及排湿风机等主要部件组成。干燥机在运行时，冷空气经过热交换器进行加热，通过循环作用，床面上的被干燥物料在经过热空气的穿流之后进行均匀的热质交换，在循环风机的作用下机体各单元内热气流进行热风循环，最后排出低温高湿度的空气，整个干燥过程平稳高效。

干燥机

★百度图库,网址链接:https://image.baidu.com/search/detail

（编撰人：莫嘉嗣，漆海霞；审核人：闫国琦）

208. 如何正确操作使用烘干机?

随着生产技术的不断改进，网带式烘干机质量越来越高，使用寿命越来越长，质量越来越高。网带式烘干线的合理操作可以提高工作效率。

（1）清洁。要经常对网带式烘干线的工作位置和设施进行清洁，保证设备在运行过程中不发生漏料、漏油等现象；溜管、风管等没有敲瘪等现象，设备上没有绳索捆绑或者临时支撑，设备和工具需要摆放整齐。

（2）润滑。各个设备的润滑脂和润滑油要定期进行加注，保证油液面的正常位置；需要保证油脂质量，加油工具齐全。

（3）安全。需要安装各种防护安全装置、传感器齐全，并且需要遵守操作规程，设备不能超负荷工作，运行需平稳无振动；各种保障装置处于工作状态。

烘干机

★百度图库,网址链接:https://image.baidu.com/search/detail

（编撰人：莫嘉嗣，漆海霞；审核人：闫国琦）

209. 如何正确使用绞肉机?

随着国民经济的发展和人民生活水平的提高,人民对食品工业提出了更高的要求,绞肉机的需求也越来越多。

(1)冲洗。绞肉机使用前需要用清水进行清洗,绞肉机一般用完之后都要用清水清洗,在使用前进行清洗的目的是为了冲洗机器内的灰层,而且使用前的清洗可以使机器运行更加的流畅,在绞肉机使用后清洗也会变得更加的简单。

(2)安装。选用合适的固定件会使得安装更加方便简单,比如面积较大木案板,将咬合口对准案板边缘后,旋紧紧固螺丝。绞肉机在工作时,机身在震动,所以需要用螺丝刀固定,以防止工作过程中机器松动。

(3)操作。绞肉机的操作比较简单,因为机器运行时的力气比较大,所以操作时需要比较大的力气,建议成人男性进行操作,若是绞饺子馅,可以在绞肉前绞一根大葱,可以更加的省力。绞肉结束后,也可以再绞一根葱或者土豆等蔬菜类东西,这是一种特殊的清洗方式,可以减少肉末的浪费。

(4)清洗。反方向将机器卸开,用干净的牙刷、试管刷等用品,将机腔内的肉末清理出来,再将机器泡在含有酒精的温水中,用牙刷清洗干净,最后用自来水清洗两遍,放在通风处晾干。

绞肉机

★百度图库,网址链接:https://image.baidu.com/search/detail

(编撰人:莫嘉嗣,漆海霞;审核人:闫国琦)

210. 如何正确使用燃气烤箱?

(1)燃气烤箱在使用前需要用清水擦拭一遍,然后空着炉子使用高温烤一阵子,可能会有冒白烟的情况发生,属于正常现象,使用之后需要通风处理,需要再次擦拭炉内壁。

（2）烘烤食物之前先设置预热温度，按照食谱的烘烤时间进行操作。烤箱预热约需10min，如果空烤太久，会损耗烤箱的寿命。

（3）烤箱在运行时，不仅内部会有很高的温度，外壳和玻璃门温度也会比较高，所以在使用时需要注意烫伤，将烤盘放入烤箱或从烤箱取出时，一定要使用手柄，不能直接用手拿烤盘和食物，也不能用手直接触碰加热器或者其他地方，以免发生烫伤。

（4）燃气烤箱要放在能够通风的室内，并且尽量远离水源，因为烤箱运行时的温度很高容易造成温差。

（5）烤箱在使用时，应先将温度调好上火、下火，上下火调整好，然后顺时针拧动时间钮，此时电源指示灯发亮，证明烤箱在工作状态。使用过程中，若设定的时间为30min，但是20min就已经烤好，这时候不需要逆时针拧时间旋钮，而是应该把3个旋钮中间的火焰档调到关闭即可，这样可以延长烤炉的使用寿命。

燃气烤箱

★百度图库，网址链接：https://image.baidu.com/search/detail

（编撰人：莫嘉嗣，漆海霞；审核人：闫国琦）

211. 乳品离心分离机的工作特点是什么？

在乳品生产厂中，离心分离机是一种精密的设备，主要用于净化牛奶或者奶油的分离与均质。牛乳在采集过程中混杂有机械杂质以及除去牛乳中的所有杂质、上皮细胞、白细胞等，有必要对牛乳进行净化处理。乳粉、炼乳等各种产品都必须对原料乳进行标准化，所以离心机是在乳品工厂中至关重要的设备，按照构造形式可以分为封闭式牛乳分离机、半封闭式牛乳分离机、开放式牛乳分离机。

（1）开放式牛乳分离机。首先将牛奶放在机身的最高端，依靠牛奶的重力进料，与此同时还可以排出稀奶油和脱脂乳。

（2）半封闭式牛乳分离机。进料口为开放式，依靠牛奶的重力进料，脱脂乳由于离心机本身形成的压力，可以进行封闭式出料。

（3）封闭式牛奶分离机。具有封闭的牛奶入口和脱脂乳及稀奶油的排出口，借助重力的作用进入分离机，到达碟片之间，经过分离后的牛奶因牛奶的高速运转并有压力盘的作用，造成液封，可以提高脱脂乳和稀奶油的排出压力，该机器运行过程中，无空气进入，也不会产生泡沫。

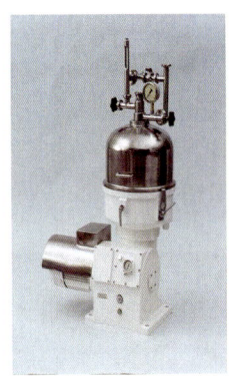

离心分离机

★百度图库，网址链接：https://image.baidu.com/search/detail

（编撰人：莫嘉嗣，漆海霞；审核人：闫国琦）

212. 乳品热交换设备的作用是什么？

乳品加工过程中对乳与乳制品进行冷却、预热、杀菌、蒸发、结晶和干燥等均需通过热交换设备来完成。热交换设备主要有以下几种：贮槽式热交换器、板式换热器、套管式超高温杀菌设备。

（1）贮槽式热交换器。不仅可以对牛乳进行低温消毒，还可以起到预热和冷却的作用，所以又被称为"冷热缸"，这类设备主要用于乳品、食品等液状物品的加热、冷却和保温。冷热缸由内胆、外壳、保温层、行星减速器和放料旋转塞等组成。

（2）板式换热器。该设备主要用于鲜乳的高温短时（HTST）和超高温（UHT）杀菌，也经常用于冷却鲜乳或者乳制品。

（3）套管式超高温杀菌设备。采用间壁热交换加热牛乳以达到灭菌的效果。

乳品热交换设备

★百度图库，网址链接：https://image.baidu.com/search/detail

（编撰人：莫嘉嗣，漆海霞；审核人：闫国琦）

213. 杀菌锅的安全操作规程是什么？

为了保证杀菌锅的安全可靠，杀菌锅设有安全阀和压力表，设备的安全阀启跳压力等于设计压力，为了保证设备的可靠度和灵敏度，所以不能随意调整读数。压力表和温度计的精度等级均为1.5级，公差允许内的差异是正常的。如果出现比如压力表的指示有误、刻度模糊、表盘出现破裂、泄压后不能归零等情况应该立即更换。温度计需要定期进行检查，使用前应该用标准的温度计进行校验。凡水银柱断裂和与标准温度相差超过0.5℃则应送修或更换。杀菌锅的规范使用操作如下。

（1）注意杀菌锅的操作工艺指标和最高工作压力、最高工作温度。

（2）杀菌锅的操作方法与程序和注意事项。

（3）重点检查运行过程中的关键项目部位，以及出现的非正常现象。

（4）对设备停用后进行有效的养护。

使用杀菌锅的工作人员需要定期进行考试培训，合格后才能进行操作，应严格遵守安全操作规程和岗位责任制，发现不正常现象应及时处理。

杀菌锅

★360图库，网址链接：http://image.so.com

对杀菌锅进行定期检查，每半年一次外部检查，每年一次全面检查，检验前的准备工作，应该按照规程和相关规定，检验报告需要存档。

设备停用需要清洗杀菌锅和锅盖的内外表面。外露部分需要刷防锈漆，安全检测控制仪表予以罩封保护。

（编撰人：莫嘉嗣，漆海霞；审核人：闫国琦）

214. 杀菌锅如何进行工作？

（1）杀菌锅简介。杀菌锅是一只密闭的、加压的加热器，用于加热密封在容器内的食品。对密封包装在容器内需商业无菌杀菌的食品，可以使用多种不同的杀菌锅系统。

杀菌锅系统有着一些相同的特性，整个系统进行了加压处理，传递温度远远高于沸水温度。用于锅内的介质包括纯蒸汽、热水和蒸汽空气混合物。为了维持容器的完整性和平衡抵消容器内的压力，在杀菌和冷却的过程中使用过压处理，实践表明这样的做法是必要的，主要是由于有些包装容器对内部压力的忍受力有限。

（2）杀菌锅的使用。设备利用产生出来的水蒸气，使得锅内形成高压环境进行杀菌，在杀菌时，加热使得罐内的温度升高，从而罐内的压力会高于罐外。因此，为了避免杀菌时玻璃瓶罐内增压而跳盖，对马口铁罐两端面凸出，必须施加反压力，特别是对需要较高杀菌温度的肉类罐头更是如此。在使用时，水需要漫过底部，在把需要杀菌的物体放入进去后需要把盖子旋紧，并且做好排气泄气处理，使得蒸汽可以流通。建议每隔15～20min放气一次，促进热量的交换。总之必须满足杀菌条件的规定，按一定程序进行，杀菌温度的高低，杀菌压力的大小，杀菌时间的长短和操作方法等均由产品杀菌工艺作出具体规定。

杀菌锅

★360图库，网址链接：http://image.so.com

（编撰人：莫嘉嗣，漆海霞；审核人：闫国琦）

215. 自动真空包装机的特点是什么？

真空包装机主要有3种类型。

（1）自动摆盖型真空包装机。自动摆盖型（双室）真空包装机一般都有两种控制方式：即自动摆盖和点动摆盖。自动摆盖主要是利用控制面板来设定摆盖的时间和频率，先在真空室摆放产品，然后真空室的上盖会根据设定的时间自动摆动、加压、抽气、封口、冷却。整个过程都是自动完成，工作人员主要是在设备上摆放产品和取出产品。而点动摆盖和自动摆盖的区别是摆盖动作是通过脚踏开关触发的。

（2）连续滚动真空包装机。连续滚动真空包装机是通过链条带动传输带滚动，能够实现周期性的滚动和停止，与此同时上真空室自动扣盖和起盖，因此也被称为链式真空包装机。国内生产的连续滚动真空包装机的封口线长度都在1~1.1m。与自动摆盖型真空包装机相比，其优势在于包装后的产品不需要人工取出，可以自动输出，提高了工作效率。

（3）全自动拉伸膜真空包装机。全自动拉伸膜真空包装机与其他真空包装设备的最大区别是不需要真空袋，设备自己可以制袋。使用成卷的拉伸膜做包装材料，使用两卷分别用来做上膜和下膜。装备必须使用成型的模具，先把下薄膜加热，而后再用成型模具冲成需要的形状，然后将包装物装入成型了的下膜腔中，再进行真空包装。

（编撰人：莫嘉嗣，漆海霞；审核人：闫国琦）

216. 如何解决真空包装机不能封口的问题？

真空包装机如今在诸多行业中已经得到了广泛的应用，尤其是在食品行业中，真空包装机更是不可或缺，一些企业在原有功能的基础上增加了充气功能，使真空包装机使用功能更加齐全，在使用真空包装机时会遇到不能封口的问题，下面是该问题的解决办法。

（1）封口问题很多时候是加热的装置出现问题引起的，可以查看一下线路，出现问题及时更换。

（2）查看加热丝是否烧坏，过多的启停加热装置，容易损坏加热丝，所以要检查加热丝，坏了及时更换。

（3）查看隔热布是否损坏，隔热布在使用过程中容易发生损坏，在外抽式真空包装机在空气中加热时更容易氧化。

真空包装机

★百度图库,网址链接:https://image.baidu.com/search/detail

(编撰人:莫嘉嗣,漆海霞;审核人:闫国琦)

217. 真空包装机如何保养?

对于食品真空包装机的使用,维护保养工作是必不可少的,那么有哪些是核心和注意点?在包装行业中,各种类型的设备,型号都非常多,但是任何包装机械都有自己的重点,通过了解真空包装机的结构,可以看到真空机的核心是真空泵。

(1)使用设备的人员,需要每周检查一次油位和观察油的颜色。如果油位低于"MIN"标记,就需要进行加油了。也不要高于"MAX"标记,多的话就要放掉部分多余的油。如果因为冷凝物过多,从而稀释了真空泵中的油,就需要全部更换掉,必要的时候,请更换掉气镇阀。

(2)正常情况下,真空泵中的油,必须是光亮和清晰的,不能有一点起泡或者浑浊的情况。油在静止后,发生沉淀后,有不能消失的乳白色物质,就说明有外来物进入了真空泵油中,需要及时的更换成新油。

(3)操作人员需要每个月检查一次进气过滤器和排气过滤器。

(4)设备在使用半年后,要清洗一次真空泵泵腔内的灰尘和污垢,清洁风扇的引擎罩、风扇轮、通风格栅和冷却翅片。注意:最好使用压缩空气进行清洗。

真空包装机

★百度图库,网址链接:https://image.baidu.com/search/detail

（5）使用真空封口机，每年都需要更换一次排气过滤器，清洗或者更换进气过滤器，使用压缩空气进行清洗。

（6）真空机设备每工作500～2 000h，就需要更换掉真空泵油和过滤器。

（编撰人：莫嘉嗣，漆海霞；审核人：闫国琦）

218. 真空包装机的真空泵及抽气系统常见故障有哪些？

（1）真空包装机真空泵不动作，可能行程开关未压合，请将机盖合拢，可以通过调整螺钉位置或调整压杆调节行程开关，电动开盖机型请调节拉杆。如果是继电器控制面板，真空泵时间继电器可能损坏；如果是电脑板控制，那就是电脑板有故障，请更换。真空泵电机损坏，一般这种情况厂家都给予保修（当然是正规厂家），更换或维修。

（2）真空包装机的真空室达不到真空度，可能原因：一是真空泵磨损或损坏，达不到真空度。二是气管接头松动，管子破裂，真空室密封圈损坏，电磁阀损坏等，导致大气窜入真空室。三是真空泵油不够。四是抽气时间不够。

（3）真空包装机真空室打不开，可能工作循环后放气电磁阀未能开启。对于全自动设备，例如，滚动真空包装机电动开盖机型有可能开盖电机损坏，拉杆卡死。

（编撰人：莫嘉嗣，漆海霞；审核人：闫国琦）

219. 真空包装机是否需要气源？

真空包装机无论是内抽式的还是外抽式的都是按照尺寸大小来规定型号的，至于真空泵的大小可以根据工厂生产的需求量和产品所需要的真空度来配置。那么使用真空包装机是否还需要其他外接设备的辅助呢？

内抽式的真空包装机只需要根据产品包装的大小来选型号就可以了，如果对真空度要求高就配置合资泵或者更好的进口泵，其他的就不用考虑了。那么也有很多大型工厂都采用的大型如800双室自动摆盖真空包装机，真空盖就是利用气缸来回摆臂的，就得外接气源来使用。真空包装机利用真空泵气源就可以完成气缸所需要的气体并不需要外接气源。真正需要外接气源的真空包装机是外抽式真空包装机。

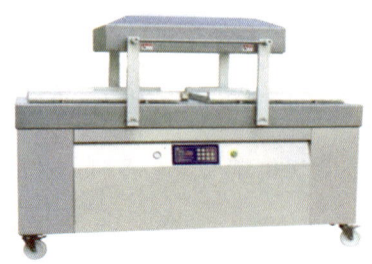

真空包装机

★百度图库，网址链接：https://image.baidu.com/search/detail

（编撰人：莫嘉嗣，漆海霞；审核人：闫国琦）

220. 真空包装机调试过程中遇到的问题及解决方法有哪些？

（1）整机不工作。
①电压过低，保险丝烧掉（采用调压器，更换保险丝）。
②行程开关错位（调整行程开关位置）。
③泵或电机卡死（找出故障原因）。
④抽真空延时器插件松动或损坏（插好延时器或更换）。
（2）真空抽不上去。
①真空泵反转（对调电动机相线中的任意两根）。
②真空电磁阀不工作（检查阀的控制线路，修理或更换电磁阀）。
③真空泵油是否足量或是否需要更换。
（3）封口质量不佳。
①封合电压选择开关未开或损坏（转动选择开关至适当位置或修理开关）。
②封合电压波动或电压选择不当（消除电压波动因素，选择合适封合电压）。
③线路连接处接触不良（修理、拧紧）。
④封合时间过长或过短（调整封合时间）。
⑤封合气囊是漏气或损坏（修理或更换气囊）。
⑥封合电磁阀是否正常工作（修理或更换电磁阀）。
⑦硅胶条、高温布是否平整（修理或更换硅胶条或高温布）。
（4）真空盖打不开。
①延时器插件损坏或移动（更换插件或延时器）。

②放气电磁阀不工作（检查控制电器，修理或调换电磁阀）。

（5）抽真空完成后不转下一程序。

延时器损坏或下一程序延时器松动、损坏（修理或更换延时器）。

（6）封合完成后不转下一程序。

封合延时器损坏或下一程序延时器松动、损坏（修理或更换延时器）。

（7）冷却完成后真空室打不开。

冷却延时器损坏或电磁阀不工作（修理或更换延时器、电磁阀）。

（编撰人：莫嘉嗣，漆海霞；审核人：闫国琦）

221. 食品真空包装机如何进行保鲜？

使用真空包装的主要目的是去除氧气，有助于防止食品腐败，其原理很简单，因为食物变质主要由微生物的活动造成的，而大多数微生物的生存（如霉菌和酵母）需要氧气，真空包装就是运用这个道理，把包装袋和食品细胞内的氧气抽掉，失去微生物"生存环境"。

真空除氧除抑制微生物生长和繁殖外，另一个重要作用是防止食物的氧化，因为油脂类食物含有大量不饱和脂肪酸，因为氧化的原因，食物变酸变质。此外，氧化还会导致维生素A和维生素C的丧失，而食物色素中不稳定的物质会受到氧的影响，从而使颜色变暗。因此，脱氧能有效防止食品变质，保持其色泽、香气、口感和营养价值。

真空包装的主要功能除了除氧功能外，还有抗压、阻气、保鲜效果等，能更有效地使食品长期保持原色、香气、口感、形状和营养价值。此外，有许多不适合真空包装的食品，但必须采用真空包装，如松脆易碎的食物、易结块的食物、易变形的走油食物、有锋利的棱角或高硬度可以刺穿食品包装袋的食品等。食品经真空包装机真空包装后包装袋内的气压大于包装袋外的大气压，能有效防止易压碎的食品压缩变形，不影响包装袋外观和印刷装潢。

真空充气包装在抽真空后再充入氮、二氧化碳、氧气或两三种气体的混合物。氮气是一种惰性气体，可以使袋子充满正压，从而防止袋外的空气进入袋内，并对食物产生保护作用。二氧化碳可以溶解在各种脂肪或水里，形成酸性和弱的碳酸，可以抑制霉菌和腐败细菌等微生物的活性。氧能抑制厌氧菌的生长和繁殖，使水果和蔬菜新鲜、丰富多彩，高浓度的氧能使鲜肉保持鲜红色。

（编撰人：莫嘉嗣，漆海霞；审核人：闫国琦）

222. 食用油灌装机安全操作规程是什么？

（1）严禁非手工或未经培训的人员操作食用油灌装机。

（2）在装车前，需要检查灌装罐是否有其他异物，确认后可以打开提升机。

（3）灌装机严禁长期空转运行，以防止灌装叶片和肉泵腔人为磨损。

（4）提升机上料时，严禁在料斗下站人或通过，上完料后应及时将料斗落下，并禁止长时间悬挂料斗。

（5）当清洗灌装机时，应关闭电源，悬挂警示标志，操作面板及电控柜应妥善保护，操作面板及电控柜不应冲洗。

（6）清洗、安装灌装机使用的充填管、肉泵叶片、真空阀板等小配件时，必需轻拿轻放，严禁磕、摔、砸、扔等野蛮操作。

（7）机手所使用的刮刀、钢尺、料盆、毛巾等工具必须定位存放，以防止混入肉泵腔而造成叶片和泵腔的损坏。

（8）机手操作完控制面板，要及时关闭保护罩并防止控制面板的损坏。

（9）需要使用专用工具去除食用油灌装机的肉泵，严禁敲击泵的转子和叶片。在关闭肉泵料斗前，必须检查泵腔周围是否有扳手和其他杂物，以防止对泵盖的损坏。

（10）真空管上的过滤器应及时检查和清洗，以防止真空泵油的污染，并损坏真空泵。

（11）在设备使用过程中，机手应定时润滑扭结喷嘴，用专用的润滑脂润滑，保证设备的良好运行。

（12）每天接班后要对进料口、观察镜、提升臂、扭结头等部位的固定螺丝和销钉进行检查，防止混入泵室或产品中，有问题及时报告，确认无异常后方可接班或开机。

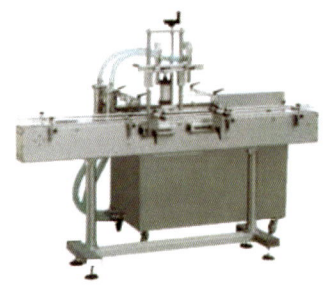

灌装机

★360图库，网址链接：http://image.so.com

（13）灌装机严禁进行带病操作。如有任何问题，请及时通知维修人员。

（14）清洗机器头部的肉馅时，应关闭设备进行清洗。

（编撰人：莫嘉嗣，漆海霞；审核人：闫国琦）

223. 蔬菜清洗机操作注意事项是什么？

（1）蔬菜清洗机的安全防护装置及注意事项。

①在机器的运转中，不要用手接触输送带和两侧的链条，以免危及人身安全。

②在机器的运转中，不要使用硬物体撞击输送带，以免损坏零件，影响使用，降低机器使用寿命。

③在工作中发现异常现象，应在检查前切断电源，排除故障后工作。

④在机器的运转中，不要进行任何形式的维护和保养，以避免人身伤害。

（2）蔬菜清洗机的保养和维修。

①每次使用后，要小心清洁机器，确保清洁，清洁时不要用锋利的工具清洗网带。

②当机器直接用喷嘴冲洗时，不要喷在电机上，以免电机进水，造成不安全的原因。

警告：所有的维护和保养工作必须在切断电源的情况下完成。

蔬菜清洗机

★360图库，网址链接：http://image.so.com

（编撰人：莫嘉嗣，漆海霞；审核人：闫国琦）

224. 蔬菜清洗机的使用及维护调整有哪些注意事项？

（1）蔬菜清洗机检查。

第一步，检查压力链为4～9mm的标准值。

第二步，每天检查油量，必须等马达停止后进行检查。

第三步，如果在很长一段时间内不使用它，应该先把机器上上下下刷一下。加上少许油，可以把它放在一个干净的地方。

（2）蔬菜清洗机的维护和调整。

第一，对链条的调整。在电机停止后进行调整，在两个链轮中间用手指压紧链条，压缩量一般为4~9mm的标准下，一旦超过标准值就调整惰轮到规定紧度。

第二，无段变速的更换。无段变速齿轮箱机油的点检加油及更换，首先是要停止马达，严禁烟火的情况下拆掉检油塞，油刚流出为适当之量，不足时补充之。

第三，调整皮带。当电机停止时，在第二个滑轮中间处以手指（中指和食指）压皮带的压缩量为7~12mm为标准值。当大于标准值时，调整滑轮到规定的紧度。

第四，长期不使用的保存。保留和长时间不使用时，可以把各部分的泥土等洗擦干净，各个回转部以及皮带和链条等的附着的杂物都要完全的清除而且各回转部及摩擦主动部，充分注油以免生锈。

（编撰人：莫嘉嗣，漆海霞；审核人：闫国琦）

225. 蔬果榨汁机有哪些操作注意事项？

水果和蔬菜应在榨汁前清洗，清除残留的农药或蜡质。任何有核与籽或皮质坚硬的水果都要先去核去皮，然后切成细长的条状。水果和蔬菜的进料速度越慢，或者果肉越薄，相对的出汁率就越高。榨汁机主要用于不容易由其他方式榨取果汁的水果和蔬菜，因为电机速度极快。多汁的水果，比如西瓜和哈密瓜，应该用果汁机搅拌处理。如果有果核，如桃子、李子或苹果，请先去核，以免损坏机器。如果不慎有核投入，应立即关机，并在电机停止后将果核取出。

使用榨汁机应根据不同的水果特点采取不同的方法，要采用正确的方法，并注意清洁卫生，保证食品的安全健康。现代人注重营养平衡，蔬菜和水果是人体必需的营养来源，注重饮食，保持身体健康。

蔬果榨汁机

★百度图库，网址链接：https://image.baidu.com/search/detail

（编撰人：莫嘉嗣，漆海霞；审核人：闫国琦）

226. 酥饼机使用保养的窍门有哪些？

（1）酥饼机的使用和保养。
①彻底清洁，不要用洗碗机清洗酥饼桶和叶片。
②在使用酥饼机时，将机身内外的杂物清除，确保所有器件都是干燥的。
③酥饼机身完全冷却后，用软湿布清洗机身和顶盖，用温和的肥皂水清洗。注意不要把整机或酥饼桶浸入水中。只需把水倒进面包桶里，将内部洗干净即可。
④在清洗酥饼机时，机器不应过度工作，以免损坏机器。清洗完后，完全晾干面包桶和搅拌的叶片。
⑤搅拌桨叶不易清洗，避免使用磨损性清洁剂和硬质羊毛织物清洗，以免损坏不粘层，影响下次搅拌和清洗效果。
⑥不要将机器放置在高温下和高温燃具旁，并与墙壁保持至少10cm的距离，以免热辐射污染墙壁。

（2）酥饼机清洗程序。
①每小时拆下过滤网，冲洗过滤器上的杂质，必要时用刷子轻刷洗滤网。
②滤网清洗后及时放回机器，保证位置正确。
③自动洗瓶机的5个插槽有过滤器，所有的都需要清洗。
④清洗时，注意清除杂物，收集杂质，操作后清理现场。
⑤清洗滤网后，不要将滤芯放入自动洗瓶机内，并将其放入指定位置，下一班工作时将其放入洗涤槽内。

酥饼机

★百度图库，网址链接：https://image.baidu.com/search/detail

（编撰人：莫嘉嗣，漆海霞；审核人：闫国琦）

227. 脱水蔬菜干燥机如何进行调试？

（1）确认脱水蔬菜干燥机全套设备的管道连接螺栓、地脚螺栓连接可靠，检查运动部件的润滑情况良好，手动盘车装置，转动轴应灵活，无卡阻，异物堵塞，耙叶无翘起等现象。

（2）脱水蔬菜干燥机调试。打开主机，打开疏水阀、旁通阀，打开供热阀门，用蒸汽吹扫盘干机内部，排出不凝气体后关闭旁通阀，检查加热盘和疏水阀是否有泄漏现象，加热10min左右，检查各盘面温度应均匀正常。

（3）打开排气风扇和其他辅助机器，并缓慢地将盘面温度提升到额定值，视设备大小空车运转30~120min。整个运转过程，仔细检查设备内部的运行情况，轴承和电机温升、设备振动、噪声等，以及热设备的渗漏问题，发现问题及时解决。

脱水蔬菜干燥机将所要处理的物料通过适当的铺料机构，如星型布料器、摆动带、粉碎机或造粒机，分布在输送带上，输送带通过一个或几个加热单元组成的通道，每个加热单元均配有空气加热和循环系统，以确保均匀干燥。

脱水蔬菜烘干机

★百度图库，网址链接：https://image.baidu.com/search/detail

（编撰人：莫嘉嗣，漆海霞；审核人：闫国琦）

228. 万能粉碎机堵塞解决方法有哪些？

万能粉碎机堵塞是磨床使用中常见的故障之一，在机器的设计中可能存在问题，但也可能是由于操作不当引起的。

（1）进料速度太快，负荷增加，造成堵塞。在进料过程中，必须注意流量计的偏转角度。如果超过额定电流，说明电机过载，电机长时间过载，会被烧坏。这种情况应立即减少或关闭料门，或改变进料方式，通过增加喂料器来控制进料量。给料机有手动和自动两种，用户应根据实际情况选择合适的给料机。由于粉碎机转速高和负荷大，并且负荷的波动较大。因此，粉碎机工作时的电流一般控制在额定电流的85%左右。

（2）出料管道不畅或堵塞，进料过快，会使粉碎机风口堵塞；输送设备的不正确匹配会导致风的衰减或无风后堵死。发现故障后，应首先清通风口，变更不匹配的输送设备，调整进料量，使设备正常运行。

（3）锤片段、老化，筛网孔封闭、破烂，粉碎物料含水量过高，都会导致粉碎机堵塞。应定期更新折断和严重老化的锤片，保持粉碎机良好的工作状态，并定期检查筛网，粉碎物料含水率应低于14%，既可提高生产效率，又使粉碎机不堵塞，提高粉碎机的工作可靠性。

粉碎机

★百度图库，网址链接：https://image.baidu.com/search/detail

（编撰人：莫嘉嗣，漆海霞；审核人：闫国琦）

229. 网带式脱水蔬菜干燥机怎样安装？

（1）划基础线。在基础标板上正确的作出十字线，标高线，中心标板埋设要达到使用方便，准确并考虑机座安装后不被遮盖。

（2）安装底座与拖轮。铲平垫铁位置，划出底座，拖轮的中心线，按照图纸要求，找准底座与拖轮的安装位置，调平放正，先把基础孔灌浆，混凝土达到一定强度时，拧紧地脚螺栓，复查合格后，再安装筒体。

（3）安装筒体及滚圈。先将滚圈装在筒体上，固定时所需要的凹状接头要一正一反交错配置，并调整垫铁的厚度，使滚圈与凹状接头的接触保持相应的间隙，切勿一致，并点焊凹状接头螺栓头部与筒体内。

（4）安装大齿轮。安装前检查对接面接口不得有碰撞痕迹，把大齿轮与筒体接触表面清擦干净，然后将两半齿轮小心的对好并拧紧接口螺栓，便将大齿轮装在筒体上。转动筒体，检查大齿轮的径向跳动和侧向摆动，直至校调合格。

脱水蔬菜烘干机

★百度图库，网址链接：https://image.baidu.com/search/detail

（编撰人：莫嘉嗣，漆海霞；审核人：闫国琦）

230. 微波干燥杀菌机有哪些操作注意事项？

定期检查微波干燥杀菌机的冷却系统。微波元件工作过程产生的热量和高功率环流装置的反射微波由冷却系统吸收。适当的冷却水压力和流量是设备正常运行的重要保证，检查水压，冲洗冷却管内水垢，确保冷却水失压保护装置有效及冷却水稳定畅通。冷却系统由橡胶水管将各个需要冷却的器件连接起来，纵横布置于微波源内，微波源布满各种电路板、高压变压器、整流元件和电气设备，只要冷却管轻微泄漏将会导致电气短路造成事故。在装置通电前，应开启冷却系统，检查系统的密封情况，并在确认正常后启动电源。在使用冷却附件之前，必须进行水压试验。

检查微波干燥杀菌机的屏蔽性能。微波干燥灭菌器在出入口设有抑制器，炉门观察窗加有铜网，门框安装铜条密封，正常情况下这些屏蔽措施可以有效消除微波外泄。然而，微波是一种无形的电磁波，人们无法通过感觉器官感知微波的存在。只有通过检测仪器才能了解微波的强度和来源。定期对微波设备进行屏蔽性检测是确保使用安全的重要措施，不影响设备运行的情况下，在设备周围增加屏蔽网，可以在微波泄漏而未被发现之前，为操作人员提供有效的保护。

微波干燥杀菌机

★百度图库，网址链接：https://image.baidu.com/search/detail

（编撰人：莫嘉嗣，漆海霞；审核人：闫国琦）

231. 水果分选机有哪些使用注意事项？

近年来，随着农业科技的发展和人民生活水平的提高，人们对水果质量的要求越来越高。为了提高水果的加工质量和出品等级，要求对水果进行严格的质量分级和大小分级。因此，水果分选机得到了广泛的应用。

鉴于水果分选机的显著前景，使用注意事项如下。

（1）机器应该放在一个稳定的地方，带轮的机器需把脚轮锁定。

（2）请确认选择机器的进料口没有异物卡住。请根据指示牌上的电源指示灯连接电源和接地线。

（3）机器运转时请不要把手伸入机器。如果意外卡住衣物，请按紧急停止按钮。

（4）机器使用完毕后，请切断电源，清洁机器。电路部分不能清洗，拆洗时请注意切割工具和其他尖锐部件。

水果分选机

★百度图库，网址链接：https://image.baidu.com/search/detail

（编撰人：莫嘉嗣，漆海霞；审核人：闫国琦）

232. 烟熏炉有什么功能？

（1）蒸煮功能。实现此功能需外接一个蒸汽发生器，采用电加热、燃气加热、煤气加热3种方式，产生的蒸汽通过蒸汽管输送到炉体中，达到蒸煮的功能。

（2）烘干功能。

①电加热烘干。用电加热管加热，加热管散热，电机带动轴流风机把热量反吸，再通过风机把热量甩出，热量通过导流板（小型）或喷嘴（大型）在整个炉内循环，从而实现烘干。

②蒸汽加热烘干。蒸汽给铜盘管加热（无蒸汽源铜盘管没有任何意义）铜盘

管散热，电机带动着轴流风机把热量反吸，再通过风机把热量甩出，热量通过导流板（小型）或喷嘴（大型）在整个炉内循环，从而实现烘干。

（3）烟熏功能。

①内置发烟。将发烟料和糖按适当比例混合加入内置发烟盒，在控制面板上设置适当的烟熏温度和时间，通过电加热管加热来对烟熏料进行不完全燃烧，在轴流电机带动风机正传倒吸作用下，使烟熏材料不完全燃烧产生的挥发性物质均匀扩散在炉内，对食品烟熏着色。

②外置发烟。与内置发烟类似，烟熏过程与内置发烟相比，外置发烟具自由控制发烟的大小和烟雾浓度的优势，并且烟雾通过鼓风机的作用后进入烟道，在通入炉体之前经过过滤作用，使烟熏中3，4-苯丙芘含量大大降低。

烟熏炉

★百度图库，网址链接：https://image.baidu.com/search/detail

（编撰人：莫嘉嗣，漆海霞；审核人：闫国琦）

233. 油料调质塔的结构及工作原理是什么？

质量控制塔的功能是调整浸出材料的水和温度，达到最佳浸出效果。

调制塔由调制主体、风网系统、自动显示控制系统3部分组成。根据产量与原料水分的差异，将调制塔分为9~13层，每层的高度一般为1m，热风层被等层地分设在调制塔内。主要由进料段、蒸汽加热段、热风干燥段和传动出料段组成。进料段一般安装一个物料均分器，以便物料均匀地进入调质塔，也可以安装高料位计，确保高料位时报警，或与进出料传动机构联锁，自动调整进出料速度以保证一定量的物料；蒸汽层一般采用传热面积大、传热效果好的不锈钢椭圆管，并且管子的上、下两层的排列正好是90°；热风层采用广受欢迎的混流大豆烘干塔角箱；传动出料段由4~6组传动出料链轮和旋转阀组成。

油料调质塔

★百度图库，网址链接：https://image.baidu.com/search/detail

（编撰人：莫嘉嗣，漆海霞；审核人：闫国琦）

234. 鱼豆腐切块机使用有哪些操作细节？

鱼豆腐切块机是肉制品、蔬菜制品、鱼豆腐和千叶豆腐制品的关键设备。鱼豆腐切块机具有结构紧凑、使用方便、切片均匀、厚度可调、效率高的优点，适用于中小型食品加工厂和专业户。

清理鱼豆腐切块机是一个重要的工作环节。每次工作结束时，应有效清理干净，通常使用一定数量的洗涤剂，用刷子或其他合适的工具清洗，洗完后，需要用清水洗净，确保无洗涤剂残留。每天下班后，应及时清理机器，防止时间太久后，原料进入轴承间隙。清洁时不要直接用水冲刷，可以用湿布擦拭。定期检查刀具，若磨损，需要及时打磨，可以使用油石打磨，这样可以延长刀具的使用寿命。

鱼豆腐切块机要想避免堵塞现象，首先要做的是每个操作环节都要保证平滑，换句话说，要确保设备没有任何停滞现象，在加工过鱼豆腐后使用设备，需要洗净，保证通道畅顺，这样可以避免堵塞现象的发生。

鱼豆腐切块机

★百度图库，网址链接：https://image.baidu.com/search/detail

（编撰人：莫嘉嗣，漆海霞；审核人：闫国琦）

235. 玉米烘干机如何保养维护？

（1）在使用前检查并维护活动部件，若有轴承、输送带、三角带损坏，应及时维修更换。

（2）润滑和维护。热风风扇每工作100h，其冷却风扇应补充润滑油，每工作400h，马达需要维护，提升机和输送机轴承每个班次应加润滑油。

（3）修理易损坏部件。应定期检查起重机轴承、轴承座、吊桶等容易松动的部件，输送带和皮带扣应经常检查更换，电气和运动部件应定期检修。

（4）停机维护，每季度停机维护，应清理风道杂物，检查电梯松紧线，清理风叶胶，应清理热风炉沉降池。

（5）如果玉米烘干机在室外工作，必须采取防雨措施，整机每年都要进行一次主要的保养维修，每两年一次油漆防护。

玉米烘干机

★百度图库，网址链接：https://image.baidu.com/search/detail

（编撰人：莫嘉嗣，漆海霞；审核人：闫国琦）

236. 怎样增加切菜机使用寿命？

（1）切菜机应放置在水平地面，保证设备运行平稳可靠，检查插头是否接触良好。

（2）检查旋转料筒内或输送带上是否有异物，如有异物一定要及时清理干净，以免损坏刀具。

（3）安装竖刀，先转动可调偏心轮，使刀架行至下死点后，再使刀架向上抬起1~2mm，使竖刀与输送带接触后，紧固螺母把竖刀紧固在刀架上。如果刀架抬起高度小，蔬菜有可能连刀，如果刀架抬起高度过大，有可能切坏输送带。

（4）工作结束后，注意及时清洁切菜机，保证设备的安全卫生。

切菜机

★百度图库，网址链接：https://image.baidu.com/search/detail

（编撰人：莫嘉嗣，漆海霞；审核人：闫国琦）

237.榨油机的工作原理是什么？

料胚进入到榨膛后，在螺纹旋转作用下。由于螺纹底部直径的变化，挤压腔内各节段的体积逐渐减小。压头螺纹连续不断地将料胚推入压室，压缩坯料，挤出机油。同时调整出饼间隙，改变饼厚度。间距越小，饼越薄，压力越大。此外，料胚在榨膛内呈运动状态，造成料胚与榨螺、料胚与料胚之间的摩擦，并产生大量的热量，使料胚在榨膛内温度上升，有利于提高产量和效率。

料胚入榨前必须先进行预处理，预处理的质量将直接影响油压的正常工作和产油率。不同的油料有不同的预处理工艺要求，但主要包括以下几项。

（1）清洗。油中含有杂质（沙、沙砾、铁屑等），如果不仔细清洗，可以加速油压内部零件的磨损，降低产量效率，甚至发生故障和事故。

（2）剥壳。对于带壳的油料，应剥壳后再压榨，提高生产能力和产油量。

榨油机

★百度图库，网址链接：https://image.baidu.com/search/detail

（3）破碎。某些油脂可以压入压榨机，但在挤压和挤压后，可以明显提高吸收率。

（4）蒸炒。蒸炒是提高产量效率的一个重要环节，常用的方法是先油润湿，然后通过炒锅干燥。

（编撰人：莫嘉嗣，漆海霞；审核人：闫国琦）

238. 真空和面机的操作使用说明有哪些内容？

（1）使用前检查电器连接是否正确，防止机器出现正反转现象，按下开盖按钮，若顺利打开说明正确，若盖打不开说明错误。

（2）使用前检查水箱是否加水，加水是通过上球阀加水，当下部第二球阀有水流出则说明水已加好，每10d进行一次换水。

（3）还需要检查减速机、真空泵等部件是否正常，和面时间和真空表等时间是否调整到位。

（4）将面箱清洗干净，严格按照说明书上规定的和面量作业，不得超出规定范围，面水比例调配好放进面箱，将和面箱上翻到规定位置，关盖后自动开始即可。

（5）合上面箱盖后按自动开始键，然后开始抽真空，真空标的指针控制在0.06~0.08。

（6）如搅拌不均匀或掉入脏物时，需要人工调整或取面时，必须先关闭电源才可以操作。

（7）设定好和面时间、正反转时间，让面粉与水在和面箱内充分融合、吸收，提高面筋值。

真空和面机

★百度图库，网址链接：https://image.baidu.com/search/detail

（8）搅拌完毕后，再按下红色按钮，空气进入和面箱，等待真空表指针为零时才可打开和面箱的盖子。

（9）工作完毕后，使用出面功能，可以实现自动出面。

（10）每次工作完成后，将油水分离器（后面透明滤杯）中的水阀打开。

（编撰人：莫嘉嗣，漆海霞；审核人：闫国琦）

239. 烘干机安全操作方法是什么？

真空耙式烘干机是一种新颖卧式间歇式真空干燥设备，湿物料经传导蒸发，带有刮板搅拌器不断清除热面上的物料，并在容器内推移形成循环流，水分蒸发后由真空泵抽出。真空耙式干燥机，在化学工业中的有机半成品和燃料干燥操作中用得较多。热量从高温热源以各种方式传递给湿物料，使物料表面湿分汽化并逸散到外部空间，从而在物料表面和内部出现湿含量的差别。内部湿分向表面扩散并汽化，使物料湿含量不断降低，逐步完成物料整体的干燥。真空耙式干燥机安全操作方法如下。

（1）将真空耙式烘干机后面的进气管用真空橡胶管与真空泵连接，接通真空泵电源。

（2）需干燥处理的物品放入机内，将机门关上，并关闭放气阀，开启真空阀，再开启真空泵电源开始抽气，使机内达到真空度-0.1MPa，关闭真空阀，再关闭真空泵电源开关。

（3）设定结束后，各项数据长期保存。耙式真空干燥机进入升温状态，加热指示灯（绿灯）亮。当温度接近设定温度时，红绿灯交错，反复多次，控制进入恒温状态。

真空耙式烘干机

★百度图库，网址链接：https://image.baidu.com/search/detail

（4）插上电源，控温仪显示数字，并设定温度和加热方式（升温时可以全功率加热档位打到1，恒温时半功率加热档位打到2）。

（5）干燥结束后，先关闭电源，旋动放气阀，解除机内真空状态，取出物品。

（编撰人：莫嘉嗣，漆海霞；审核人：闫国琦）

240. 真空油炸机有什么清洗步骤？

真空油炸机比传统的油炸机方便很多，可以节省很多的能源，而且生产出来的产品质量也比传统的好。真空油炸机清洗步骤如下。

（1）首先等油冷却后把油放出，再倒入清水把水烧到滚开，撒入食用碱粉两大把，煮5~10min，再把水排出来。

（2）油炸设备使用前必须向炉体内加油，以免烧坏电热管；加热管使用一段时间应及时清理，每月至少清理4次；及时清理油炸机表面的残渣，残渣不可积累过多或过厚，防止渣内存储热量引发火灾。夏天油水混合油炸机每天换水一次，冬天可根据水质定期更换，以保护油的质量；加热管必须浸入介质中才能工作。定时检查光电开关的性能及灵敏度。

（3）通过限位控制，科学利用植物油与动物油的比重关系，使油炸类食品浸出的动物油自然沉入植物油下层，这样中上层工作油始终保持纯净，油炸机可同时炸制各种食品，互不串味，一机多用，是生产油炸类食品的理想选择。

真空油炸机

★百度图库，网址链接：https://image.baidu.com/search/detail

（编撰人：莫嘉嗣，漆海霞；审核人：闫国琦）

241. 振动筛在大蒜行业中如何应用？

大蒜是一种食用兼药用、营养价值都很卓越的农作物，由于大蒜功效的多样性，因此除了正常的食用外，还被加工成各种调料品和保健品。

（1）整蒜的去皮除杂。众所周知，大蒜的外皮极易脱落，如今的市场对产品精致度要求越来越高，湮没在蒜皮中的大蒜很容易被顾客看成是残次品而销路不好或者被迫降价。大蒜振动筛能够轻易地解决这个问题，将腐皮和其他杂质快速筛除，使商品价值最大化。

（2）大蒜粉的除杂分级。大蒜可以被磨成粉，通常应用在食品行业作为餐饮佐料。大蒜粉的加工过程中大蒜振动筛起到至关重要的作用，不仅能帮助筛除大蒜粉中的线头、梗等杂质，而且还能将大蒜粉末进行分级，迎合不同口味的佐料制作需求。

（3）蒜粒、蒜片的除杂。蒜粒和蒜片多是在将大蒜制成大蒜油、大蒜素等保健品的时候会用到的，如今人们越来越重视营养元素的补充，各种保健品市场广阔，蒜制保健品也不例外，但是蒜粒在粉碎过程中会有杂质残留，影响保健品成品的含量，不易通过保健品行业的要求，这就需要利用大蒜振动筛来帮助快速筛分出干净的蒜粒以备下一步的正常生产。

（4）大蒜振动筛的介绍。大蒜属于食品类的物料，所以在选型时应多谨慎，选择优质的304不锈钢材质，并且要多注意机型是否容易清洗和消毒。

振筛机

★百度图库，网址链接：https://image.baidu.com/search/detail

（编撰人：莫嘉嗣，漆海霞；审核人：闫国琦）

242. 蒸汽锅炉检查的方法有哪些？

（1）蒸汽锅炉压力表、水位表。检查有无异常，弯管、连接管的安装及中间阀门的开闭有无异常。水位表显示的水位是否正确，水位表柱的泄水阀状态是否正确，压力表是否有期限内的法定检验标志。

（2）蒸汽锅炉安全阀、放泄阀、放泄管。检查是否已调整到规定开启压力，泄水管的安装是否合理。检查放泄管是否阻塞，是否有防尘措施。

（3）排污装置。检查排污阀的开闭是否灵活，填料盖的衬料是否留有充分的调节余地，排污管路是否有异常。

（4）主气阀、给水截止阀与逆止阀。检查它们的开闭状态有无异常，阀盖的材料是否留有余量。

（5）空气阀。在水压试验后至满水状态，点炉开始至出现蒸汽，必须保持开的状态。

（6）管道。检查管道的连接、支撑、伸缩节、疏水及保温等是否都符合要求。金属结垢后就会过热，金属会出现蠕伸、变形、鼓包，严重时发生过热爆管。水垢层是位于金属壁面和受热介质—水汽之间的，由于水垢层导热系数小，有显著的隔热作用，结垢后大幅度提高金属壁面的温度。据估算，对蒸发受热面，沉积水垢的炉胆常会过热塌陷，沉积水垢的受热锅壳（锅筒）常会过热鼓包，沉积水垢的受热面管子则常会过热，燃料浪费量大。

蒸汽锅炉

★百度图库，网址链接：https://image.baidu.com/search/detail

（编撰人：莫嘉嗣，漆海霞；审核人：闫国琦）

243. 煮面炉的操作方法及维护保养说明有哪些？

（1）煮面炉的操作方法。

①往3个缸里分别加水至2/3容积，发热管严禁干烧，接通产品电源。

②温控器设在产品前面，3个温控器，各温控器单独控制各缸的温度。

③接通电源，电源指示灯亮，顺时针方向分别旋转温控器，把所需的温度值对准所需温度位置，此时黄色指示灯亮，此时电流已供至本炉，加热管开始工

作，当温度升至所需温度时，温控器能自动切断电源，同时黄色指示灯灭，加热管停止工作。当温度略有下降，温控器则能自动接通电源，黄色指示灯亮，电热管恢复加热，温度上升，如此反复循环，以保证温度在设定范围内恒定。

④根据制作不同规格的食品，调节所需的温度，把需要煮的面条或其他食品放置筛子里，可制作出理想的食物。

⑤使用完毕后应将温控开关旋至0℃，关闭电源总开关。

⑥如在使用过程中，出现异常现象，必须立即停止使用，经检查排除故障，方可继续使用。

（2）煮面炉的清洁与保养步骤。

①在清洁保养时，应切断电源，以防止意外事故发生。

②每天工作完毕后可用不含腐蚀性清洁剂的湿毛巾，清洁炉体表面及电源引出线表面，严禁用水直接冲洗，以免破坏电气性能。

产品应小心轻放，以防止剧烈震动，包装好的产品一般不应长期露天存放，应放在通风良好，无腐蚀性气体的仓库内。不得倒置，需要临时存放时，应采用防雨措施。

煮面炉

★百度图库，网址链接：https://image.baidu.com/search/detail

（编撰人：莫嘉嗣，漆海霞；审核人：闫国琦）

244. 如何选购自吸泵？

自吸泵目前对广泛的泵类市场来说，受用群体非常多，不但能够帮助化工企业进行排污处理，同时能够帮助农田灌溉，并且可以应用到家用供水上。如何选购一款合适的自吸泵呢？

（1）排污能力强。具有排污功能的自吸泵（即自吸排污泵）是采用半开式大流道叶轮，能够应对一些较大的杂质、污染物，并且不容易堵塞。

（2）自吸性能强。区别于普通离心泵每次使用时都需要往泵体内灌水，自吸泵只需要在第一次使用时灌水，之后使用只需要正常启动就好，并且具有极强的自吸功能，能够在水泵进口高于水面时也能够正常作业，一般自吸泵的自吸高度能够达到3~5m。

（3）审核。在购买的时候，一定要查看三证是不是齐全，所要购买的产品，是否符合质量要求。往往一些劣品是做不到三证齐全的，并且有些会做一些仿造的证件来充数，大家可以看看证件的字体是否清晰。

（4）因地制宜。选购泵的时候尽量选择不太远的商家采购，有利于商家更好地进行售后服务，也方便随时到厂了解实际情况。

（5）超过期望值。所要选购的泵必须要达到所想要达到的要求，甚至有时候还要能够超过期望值，这样才能够说明选购的泵是一款性价比高的产品。

自吸泵

★百度图库，网址链接：https://image.baidu.com/search/detail

（编撰人：莫嘉嗣，漆海霞；审核人：闫国琦）

245. 粽子蒸煮锅操作有哪些注意事项？

锅内进物料，加水，水位以淹过粽子最高点1~2cm即可，上盖，以对边同时压紧的方式固定锅盖上所有的螺栓，固定好后方可操作下一步骤。

（1）使用蒸汽时因蒸汽管道含大量水分，因此蒸煮后锅内水分会增加，加水水位不需太高，设备安装有温控、时间以及自动排气装置，因此整个操作可实现自动操作，但操作过程还需要人工时时监控，不得超压使用设备。

（2）接通电源，通电后温控仪显示正常温度，方可工作，先设定好蒸煮温度、蒸煮时间，启动加热计时开关，开关开启后，计时器开始工作，并同时根据用户设定的温度进行加热控制，同时加热指示灯亮起，显示温度高于设定温度时则停止加热并熄灭加热指示灯,自动控温加热,时间设定同样根据产品不同自行设定,设定方式为计时计算方式。计时完成后则断开加热电源并同时报警,加热不再开启,用户需关闭加热计时开关即可;加热使用时,设备上排气口需间接打开,直至锅内冷空气排出后关闭(一般蒸煮时显示温度为80~85℃后可关闭排气阀门)。

(3)排气阀关闭后,静等升温升压,并开启自动排气开关,压力根据电接点压力表设定压力变化到达上限时,则自动启动气动角座阀进行超压排气并排气指示灯亮起,停止时则关闭排气并熄灭指示灯。

(4)出料。出料前打开排气阀,排出锅内压力,待压力表归零,排气阀不再有气体排出,方可开锅出料(出料时候请注意锅盖及锅体高温)。

(5)对安全阀,压力表可根据用户自己使用的压力表,到当地有关部门进行效验调整,调整范围根据当地部门要求的参数标准。

(6)蒸煮锅在使用过程中,应经常注意压力的变化,使用压力不得超过设计压力。

(7)压力表和安全阀应定期检查,有故障及时调换和修理。

蒸煮锅

★百度图库,网址链接: https://image.baidu.com/search/detail

(编撰人:莫嘉嗣,漆海霞;审核人:闫国琦)

参考文献

100头基础母猪猪场项目报告[EB/OL]. 豆丁网. http：//www.docin.com/p-150899709.html.
2009—2013年叶轮式增氧机市场需求调研[EB/OL]. 百度文库. https：//wenku.baidu.com/view/2611362c84254b35effd3419.html.
pH测定仪的正确操作方法介绍[EB/OL]. 中国环保在线.https：//b2b.hc360.com/viewPics/supplyself_pics/256518230.html.
RJY-1型台式溶解氧测试仪[EB/OL]. 聚创环保. http：//www.qdjchb.com/productshow-48-73-728-1.html.
安装脱水蔬菜机正确操作[EB/OL]. 中国食品机械设备网. http：//www.foodjx.com/st159691/Article_169203.html.
巴氏杀菌机使用操作步骤[EB/OL]. 中国食品机械设备网. http：//www.foodjx.com/st164951/Article_166829.html.
包装（配料）结果不准确的问题排查与解决[EB/OL]. 中国食品机械设备网. http：//www.nongjx.com/st74469/Article_28351.html.
变频节能真空包装机怎么样[EB/OL].中国食品机械设备网. http：//www.foodjx.com/st170125/Article_174065.html.
便携式溶氧分析仪[EB/OL]. 准测仪器. http：//www.zhunce.cn/product/product_print.asp？pid=40204002/.
曾仁甫. 2017. 养鱼池中如何正确使用及维护增氧机[J]. 渔业致富指南（2）：28-31.
超声波清洗机[EB/OL]. 莱芜新闻网. http：//www.laiwunews.cn/fbm/iK3mnY/info-ac3287992.html.
超微粉碎机初次使用要注意哪些方面[EB/OL]. 中国食品机械设备网. http：//www.foodjx.com/st105382/Article_167064.html.
炒货机的技巧与配方[EB/OL]. 中国农机网. http：//www.nongjx.com/st110385/Article_34073.html.
陈合强. 2015. 现代肉种鸡生产中的环境和设备要求[J]. 家禽科学（1）：19-21.
陈石娟. 2010. 技术推广微孔曝气增氧技术[J/OL]. 海洋与渔业.http：//www.ixueshu.com/document/51817d8ca86c0c3f318947a18e7f9386.html#pdfpreview.
池塘养殖如何选配增氧机更科学[EB/OL]. 360个人图书馆. http：//www.360doc.com/content/18/0205/12/32567818_727857177.shtml.
臭氧一体机[EB/OL]. 广州中航环保科技有限公司. http：//www.zhwte.com/h-pd-46.html#_pp=0_578_21/.
出雏设备常见故障及维修保养[EB/OL].中国养殖网. http：//www.chinabreed.com/machine/hatch/2014/10/20141009642134.shtml.
畜禽饲料制粒设备的选型[EB/OL]. 中国畜牧机械网. http：//www.xumujx.com/Article/Disp.asp？id=260.
蛋鸡养殖应选择什么样的LED灯[EB/OL]. 养鸡网. http：//www.yangji.com/yangjizixun/show-19162.html.
蛋仔机保养方法[EB/OL]. 中国食品机械设备网. http：//www.foodjx.com/st51971/Article_173020.html.
当孵化机遇到停电怎么办[EB/OL]. 中国养殖网.http：//www.chinabreed.com/machine/hatch/2015/11/20151117678895.shtml.
多功能清洗机[EB/OL]. 中国食品机械设备网. http：//www.foodjx.com/st78898/product_554227.html.
方旭，滕淑芹，赵小光，等. 2012. 精养鱼池中如何正确使用增氧机[J]. 科学养鱼（3）：23-24.
粪便处理设备[EB/OL]. 可比网供应信息. http：//www.kebi.biz/sell_183641.html.
风干机的操作使用注意事项[EB/OL]. 中国食品机械设备网. http：//www.foodjx.com/st3244/Article_165664.html.
风机的工作原理和种类[EB/OL]. 新闻中心机械设备.http：//www.wanguan.com/news/122763.html.
风机水帘的有效清洁方法介绍[EB/OL]. 金辉农牧装备. http：//www.jinhuinmzb.com/news/138.html.
风机水帘结构上的三大组成系统分析[EB/OL]. 金辉农牧装备. http：//www.jinhuinmzb.com/news/131.html.
风机水帘冷风机片距离的把握[EB/OL]. 金辉农牧装备. http：//www.jinhuinmzb.com/news/152.html.
风机水帘使用过程中常见问题的处理方法[EB/OL]. 金辉农牧装备. http：//www.jinhuinmzb.com/news/158.html.
风送式喷雾机的维护和保养[EB/OL]. 建筑工程机械网资讯. http：//www.lyjzjx.com/news/show.php？itemid=1422.
封口机封口不牢有哪些原因[EB/OL]. 中国食品机械设备网. http：//www.foodjx.com/st148734/Article_170946.html.
孵化出雏机常见故障的排除及维修保养[EB/OL]. 中国养殖网.http：//www.chinabreed.com/machine/hatch/2011/12/20111209481780.shtml.
孵化机常见故障及解决方案[EB/OL]. 中国养殖网. http：//www.chinabreed.com/machine/hatch/2014/06/

20140627631352.shtml.
孵化机的通气孔设置[EB/OL]. 中国养殖网. http：//2014/09/20140924640715.shtml.
孵化机的选购技巧[EB/OL]. 中国养殖网. http：//www.chinabreed.com/machine/hatch/2014/06/20140627631357.shtml.
孵化机使用操作规程与日常管理规范[EB/OL]. 中国养殖网.http：//www.chinabreed.com/machine/hatch/2014/06/20140627631351.shtml.
孵化机使用前的准备工作[EB/OL]. 中国养殖网. http：//om/machine/hatch/2014/07/20140730635358.shtml.
孵化机选购注意事项[EB/OL]. 中国农机网. http：//www.nongjx.com/tech_news/detail/8218.html.
浮水颗粒设备如何选择[EB/OL]. 农机360网. http：//www.nongji360.com/company/shop2/product_354856_435995.shtml.
福田塑业. 浅析果园喷灌的优缺点 [EB/OL]. 以商会友专栏. https：//club.1688.com/article/61007235.htm.
付俊杰. 1987. 正确使用叶轮式增氧机[J]. 农业机械（1）：18.
负压风机的降噪方法[EB/OL]. 中国农机网. http：//www.nongjx.com/st68402/Article_27754.html.
富硒帮富硒食品. 灌溉施肥技术[EB/OL]. 个人图书馆. http：//www.360doc.com/content/11/1219/12/7197533_173357025.shtml.
高培保育栏设计原则和使用好处[EB/OL]. 泊头和信畜牧设备有限公司. http：//www.hxxm.co/hxjswd/js331.html.
高培保育栏设计原则和使用好处[EB/OL]. 泊头和信畜牧设备有限公司. http：//www.hxxm.co/hxjswd/js331.html.
工厂化循环水养殖系统的特点及优势[EB/OL]. 360个人图书馆. http：//www.fishfirst.cn/thread-13377-1-1.html.
工厂化循环水养殖系统设备之蛋白质分离器[EB/OL]. 广州中航环保科技有限公司. http：//www.zhwte.com/h-pd-46.html#_pp=0_578_21.
供给丹东饲料粉碎机哪家好、饲料粉碎设备生产厂[EB/OL].八方资源网包边机. http：//info.b2b168.com/s168-38471538.html.
供应山东养殖专用环保锅炉/养殖热风炉厂家供应产品[EB/OL]. http：//www.cntrades.com/b2b/pyjx123/sell/itemid-97627841.html.
供应双侧轮微喷头[EB/OL]. 谷爆环保. http：//www.goepe.com/apollo/prodetail-hebeiruntian2-4355910.html.
关于猪场湿帘降温系统，这些您都知道吗？[EB/OL]. 搜狐网猪业视角. http：//www.sohu.com/a/194557767_482049.
管道式挤奶机与移动式挤奶机[EB/OL].中国养殖网.http：//www.chinabreed.com/machine/milk/2012/03/20120307493875.shtml.
广州三体贸易有限公司[EB/OL]. 蜘蛛商务. http：//www.zhizhu35.com/detail-12852374.html.
广州市绿烨环保设备有限公司.曝气器设备在污水处理中起到的作用. [EB/OL]. 中国环保在线. http：//www.hbzhan.com/Tech_news/Detail/263434.html.
广州市中浪机械科技有限公司[EB/OL]. 慧聪360网. https：//b2b.hc360.com/viewPics/supplyself_pics/263192734.html.
规模化鸡场夏季风机湿帘应用[EB/OL]. 养鸡网. http：//www.yangji.com/yangjizixun/show-23573.html.
规模化猪场中的干料自动输送喂给系统[EB/OL]. 搜猪网. http：//www.soozhu.com/article/143533.
滚揉机的操作使用规范[EB/OL]. 中国食品机械设备网. http：//www.foodjx.com/st159915/Article_171233.html.
海鲜烘干机[EB/OL]. 慧聪网. https：//b2b.hc360.com/supplyself/419309877.html.
红枣烘干机的三个步骤[EB/OL]. 中国食品机械设备网. http：//www.foodjx.com/st160304/Article_171038.html.
洪玮，王静，王瑞英，等. 2015. 甜樱桃设施栽培探讨[J]. 现代农业科技（9）：118-119.
胡桧，吕伟健，高庆生，等. 2016. 我国蔬菜清洗技术研究现状[J]. 蔬菜（4）：42-44.
花生剥壳机的存放[EB/OL]. 中国农机网. http：//www.nongjx.com/tech_news/detail/24966.html.
花生剥壳机的使用注意事项[EB/OL]. 中国农机网. http：//www.nongjx.com/st106362/Article_32158.html.
黄洪. 网箱真空活鱼起捕机的研究 [J/OL]. 海洋水产研究. http：//www.ixueshu.com/document/0bd920a293d037b2318947a18e7f9386.html.
黄瑞森，李焕烈. 2012. 现代化养猪设备在猪场中的应用[J]. 养猪（4）：75-78.
活性炭过滤器[EB/OL]. 河南友邦水处理工程有限公司. http：//www.yb371.com/243.html.
活性炭过滤器使用前处理工作[EB/OL]. 辽京制造. http：//www.duojiezhiguolvqi.com/jishuziliao/144.html.
活鱼运输车、水产品运输车[EB/OL]. 中国汽车网. http：//www.chinacar.com.cn/newsview120203.html.
活鱼运输箱[EB/OL]. 黄页大全. http：//www.cnlist.org/product-info/33893240.html.
火速陶艺水密封坛[EB/OL]. 世界工厂网. https：//product.gongchang.com/c123/CNC1093392383.html.
火焰石有什么用[EB/OL]. 造价通工程造价. http：//www.zjtcn.com/zhishi/hysysmy/.
机器挤奶：挤奶机的工作原理和操作[EB/OL]. 中国养殖网. http：//www.nongjx.com/tech_news/detail/9757.html.
鸡场清粪机械的使用方法[EB/OL]. 中国养殖网. http：//www.chinabreed.com/poultry/farm/2011/03/20110315435377.shtml.

鸡笼的分类[EB/OL]. 山东兴瑞达智能设备. http：//www.sdxrdznsb.com/news/417.html.
鸡舍除臭的方法[EB/OL]. 金辉农牧装备网. http：//www.jinhuinmzb.com/news/119.html.
鸡舍供料设备的种类和特点[EB/OL]. 养鸡网. http：//www.yangji.com/yangjizixun/show-24794.html.
鸡舍降温设备[EB/OL]. 百度文库. https：//m.baidu.com/sf_edu_wenku/view/4b34d2f0caaedd3382c4d340.html#1.
鸡鸭脱毛机的正确保养方法[EB/OL]. 中国养殖网. http：//www.chinabreed.com/machine/breed/.shtml.
吉林桦甸鱼塘投饵机电瓶式鱼塘自动投料机视频[EB/OL]. 机电之家. http：//www.jdzj.com/p18/2014-10-24/2021160.html.
集约化养猪中设备的选择至关重要[EB/OL]. 搜猪网经营管理.http：//www.soozhu.com/article/222827.
挤奶机保养八招[EB/OL]. 中国养殖网. http：//www.nongjx.com/tech_news/detail/7886.html.
挤奶机的日常维护和保养[EB/OL]. 中国养殖网. http：//www.chinabreed.com/machine/breed/.shtml.
挤奶机故障巧排除[EB/OL]. 中国养殖网. http：//www.chinabreed.com/machine/breed/.shtml.
挤奶设备的清洗程序[EB/OL]. 中国养殖网. http：//www.chinabreed.com/machine/milk/2011/11/20111129479724.shtml.
家禽屠宰设备按时保养方法[EB/OL]. 中国养殖网. http：//www.chinabreed.com/machine/breed/.shtml.
家禽屠宰设备的分级保养方法[EB/OL]. 中国养殖网. http：//www.chinabreed.com/machine/breed/.shtml.
家禽饮用水系统如何彻底净化消毒[EB/OL]. 西部种养殖网. http：//www.xibuzyzw.com/agricultural/show-412.aspx.
家用榨油机要防堵[EB/OL]. 中国农机网. http：//www.nongjx.com/tech_news/detail/6852.html.
嘉易通自动比例泵[EB/OL].阿里巴巴.https：//detail.1688.com/offer/525624434083.html？spm=a312h.7841636.1998813769.d_pic_3.0f4Bli&tracelog=p4p．
假冒伪劣青饲料切碎机的表现形式[EB/OL]. 中国养殖网. http：//www.nongjx.com/tech_news/detail/4704.html.
蒋树义，韩世成，曹广斌，等. 2003. 水产养殖用增氧机的增氧机理和应用方法[J]. 水产学杂志（2）：94-96.
降温湿帘安装使用时不能忽视的五个要点[EB/OL]. 金辉农牧装备. http：//www.jinhuinmzb.com/news/154.html.
降温湿帘常见故障的导致原因以及处理方法[EB/OL]. 金辉农牧装备网. http：//www.jinhuinmzb.com/news/144.html.
降温湿帘能够起到什么样的效果[EB/OL]. 金辉农牧装备. http：//www.jinhuinmzb.com/news/164.html.
酱腌菜巴氏杀菌机操作说明[EB/OL]. 中国食品机械设备网. http：//www.foodjx.com/st149015/Article_164108.html.
胶带运输机胶带跑偏处理方法[EB/OL]. 中国养殖网. http：//www.nongjx.com/tech_news/detail/27818.html.
绞肉机的使用也是一门学问[EB/OL]. 荥阳巨鑫机械有限公司. http：//www.nongjx.com/st107804/Article_31829.html.
绞肉制香肠机器保养方法[EB/OL]. 中国食品机械设备网. http：//www.foodjx.com/st157457/Article_172505.html.
教你规范操作奶站设备[EB/OL]. 中国养殖网. http：//www.chinabreed.com/machine/milk/2011/07/20110713455487.shtml.
金成. 水车式增氧机的工作原理及优缺点[EB/OL]. 百度文库. https：//wenku.baidu.com/view/3113e7fbf90f76c661371acb.html.
金湖小青青机电设备有限公司[EB/OL].农机360网. http：//www.nongji360.com/company/shop2/product_2365_233823.shtml.
均衡气调包装[EB/OL]. 莫迪维克. http：//www.multivac.cn/EMAP.html.
开放式鸡舍饲养蛋鸡光照设备管理[EB/OL]. 养鸡网. http：//www.yangji.com/yangjizixun/show-24466.html.
辣椒烘干设备产品特点及温控说明[EB/OL]. 中国食品机械设备网.http：//www.foodjx.com/st147675/Article_171882.html.
冷藏风幕柜[EB/OL]. 易登网. http：//changsha.edeng.cn/jiedaoxinxi/107190280.html.
离心泵机械密封失效的分析[EB/OL]. 华强电子网. http：//tech.hqew.com/news_1256622.
离心式水泵使用的8大错误认识[EB/OL]. 中国农机网. http：//www.nongjx.com/tech_news/detail/8240.html.
连续滚动式包装机加热条怎么更换[EB/OL]. 中国食品机械设备网. http：//www.foodjx.com/st170125/Article_172946.html.
廖华. 快速简单进行母猪产床的安装[EB/OL].南京廖华. http：//www.njliaohua.com/lhd_8mr1979e2w
刘文珍，徐节华，欧阳敏. 2015. 淡水池塘养殖增氧技术及设备的研究现状与发展趋势[J]. 江西水产科技（4）：41-45.
梅宗香. 2016.全自动蛋鸡养殖应注意的问题[J]. 中国畜禽种业，12（9）：149.
美国Hanovia 紫外线杀灯管[EB/OL]. 浩然兴环保官网. http：//www.hrxhb.com/pro_detail.php？id=49.
面粉机械组成与正确选择方法分析[EB/OL]. 中国农机网. http：//www.nongjx.com/tech_news/detail/32002.html.
面条机操作要点[EB/OL]. 中国食品机械设备网. http：//www.foodjx.com/st125441/Article_170926.html.
灭菌食品用什么好[EB/OL]. 中国食品机械设备网. http：//www.foodjx.com/st179136/Article_172703.html.
磨面机在秋季的正确维修和保养[EB/OL]. 中国农机网. http：//www.nongjx.com/tech_news/detail/32003.html.
母猪产床，猪舍的清洁和采暖[EB/OL]. 搜猪网饲养管理. http：//www.soozhu.com/article/208780.
母猪产床的使用[EB/OL]. 东商网农业机械. http：//www.dginfo.com/chanpin-88199754.

参考文献

母猪产床价格_母猪产床购买[EB/OL]. 环球经贸网其他未分类. http：//china.nowec.com/spdetail/38058593.html.
奶牛TMR设备选型与维护管理技术[EB/OL].中国农机网. h t tp：//www. c h inabreed.com/machine/breed/2014/04/20140414623427.shtml.
奶牛机械挤奶有关问题[EB/OL]. 中国养殖网. http：//www.chinabreed.com/machine/milk/2010/06/20100623359624.shtml.
南通安泰风机有限公司.轴流通风机的使用注意事项[EB/OL].搜狐网. http：//www.sohu.com/a/224700376_417785.
倪庆国. 微雾降温系统设计方案（湖北中都公司）[EB/OL]. 百度文库 工程科技. https：//wenku.baidu.com/view/873ddf89c1c708a1284a44bc.html.
你该知道：如何操作制粒机[EB/OL]. 中国农机网. http：//www.nongjx.com/tech_news/detail/30673.html.
你所不知道的农产品贮藏方式[EB/OL]. 搜狐网. http://www. sohu. com/a/29642820_240648.
腻子粉搅拌机厂家的调整[EB/OL]. 机械. http：//www.whnews.cn/dszx/23781697.html.
碾米机操作要点的注意事项[EB/OL]. 中国农机网. http：//www.nongjx.com/tech_news/detail/7892.html.
碾米机产品如何分类[EB/OL].中国农机网. http：//www.nongjx.com/tech_news/detail/7016.html.
碾米机产品选购要点[EB/OL]. 中国农机网. http：//www.nongjx.com/tech_news/detail/7017.html.
碾米机使用注意事项[EB/OL]. 中国农机网. http：//www. nongjx. com/tech_news/detail/25198. html.
宁波金长江水处理设备有限公司[EB/OL]. 阿里巴巴旺铺.https：//wangbscl.1688.com/？tbpm=3&spm=a261y.7663282.0.0.7bd36a9a37thKj.
气泡清洗机设备的操作注意事项[EB/OL]. 中国食品机械设备网. http：//www.foodjx.com/st164413/Article_174111.html.
气泡清洗流水线操作时的注意事项[EB/OL]. 中国食品机械设备网. http：//www.foodjx.com/st155756/Article_172338.html.
潜水泵的安装方法和注意事项[EB/OL]. 百度文库. https：//wenku. baidu. com/view/f2aa6787ccbff121dd3683b5. html.
潜水泵的应用保护与故障消除[EB/OL]. 新浪博客. http：//blog. sina. com. cn/s/blog_a2c449c201013rnn. html.
潜水泵流量调节功能和方法[EB/OL]. 中国农机网. http：//www.nongjx.com/st24536/Article_32922.html.
浅谈猪场液态料系统[EB/OL]. 一站阅读. http：//www.a-site.cn/article/618893.html.
巧用微波炉作为微波杀菌设备[EB/OL]. 中国食品机械设备网. http：//www.foodjx.com/tech_news/detail/174310.html.
切菜机[EB/OL]. 中国农机网. http：//www. nongjx. com/st110486/product_1603042. html.
切菜机操作规程[EB/OL]. 中国食品机械设备网. http：//www.foodjx.com/st142486/Article_173963.html.
全自动热收缩包装机的性能特点[EB/OL]. 中国食品机械设备网. http：//www.foodjx.com/st175054/Article_173992.html.
热交换设备[EB/OL]. 中国养殖网. http：//www.chinabreed.com/machine/breed/.shtml.
溶解氧分析仪[EB/OL]. 阿里巴巴. http：//www. lei-ci. com/products_detail_yyly/&productId=64. html.
溶氧椎[EB/OL]. 机械说明书. https：//detail. 1688. com/offer/541540307252. html.
肉鸡笼设备有哪些特点[EB/OL]. 山东兴瑞达智能设备有限公司. http：//www.sdtmyzsb.com/news/427.html.
肉鸡笼养鸡舍和笼具如何清洗和消毒[EB/OL]. 山东兴瑞达智能设备有限公司. http：//www.sdtmyzsb.com/news/414.html.
肉类风干机的使用注意事项[EB/OL]. 中国食品机械设备网. http：//www.foodjx.com/st176744/Article_166804.html.
肉丸自动成型机器的奥秘在哪里[EB/OL]. 中国食品机械设备网. http：//www.foodjx.com/tech_news/detail/174117.html.
如何分辨饲料混合机好与坏[EB/OL]. 中国农机网. http：//www.nongjx.com/tech_news/detail/32006.html.
如何购买到高品质养鸡料线[EB/OL]. 养鸡网. http：//www.yangji.com/yangjizixun/show-23573.html.
如何解除绿茶杀青的困惑[EB/OL]. 中国农机网. http：//www.nongjx.com/tech_news/detail/34449.html.
如何解决灌装机出料不准的问题[EB/OL]. 中国食品机械设备网. http：//www.foodjx.com/st148734/Article_170116.html.
如何解决真空包装机不能封口[EB/OL]. 中国食品机械设备网. http：//www.foodjx.com/tech_news/detail/174259.html.
如何判断蔬菜干燥机是否出现故障[EB/OL]. 常州市力发有限公司.http：//www.foodjx.com/st159691/Article_171412.html.
如何通过饮水管理来提高母猪采食量[EB/OL].个人图书馆. http·//www.360doc.com/content/16/0815/19/18532839_583446138.shtml.
如何维护养鸡机械养鸡机械的有事有哪些[EB/OL]. 山东兴瑞达智能设备有限公司. http：//www.sdtmyzsb.com/news/407.html.
如何正确使用烘干线[EB/OL].山东新大新食品工业装备有限公司. http：//www.foodjx.com/st79130/Article_168954.html.
如何正确使用燃气烤箱[EB/OL]. 广州市赛思达机械设备有限公司. http：//www.foodjx.com/st2784/Article_166615.html.
乳品机械：机械挤奶技术[EB/OL]. 中国养殖网. http：//www.chinabreed.com/machine/milk/2012/02/24220120229492302.shtml.
乳品机械与设备.百度文库.[EB/OL].http：//www.chinabreed.com/machine/breed/.shtml.
乳头式饮水器的使用技术[EB/OL]. 中华园林网. http：//www.yuanlin365.com/yuanyi/120920.shtml.
乳头式饮水器适用于什么鸡[EB/OL]. 养鸡网. http：//www.yangji.com/yangjizixun/show-24323.html.

乳头式饮水线的组成[EB/OL]. 中国养殖网. http：//www.chinabreed.com/machine/breed/.shtml.
乳制品灭菌机械——巴氏杀菌奶消毒设备[EB/OL]. 中国养殖网.http：//www.chinabreed.com/machine/breed/.shtml.
杀菌锅的安全操作规程[EB/OL]. 诸城市凯越机械有限公司. http：//www.foodjx.com/st180760/Article_173891.html.
杀菌锅的工作原理[EB/OL]. 山东进一工业设备有限公司. http：//www.foodjx.com/st177572/Article_173373.html.
山东恒基农牧机械有限公司[EB/OL]. 聪慧360网. https：//b2b.hc360.com/supplyself/80341326529.html.
山东远图. 循环水养殖系统[EB/OL]. 中国水产养殖网. http：//www.shuichan.cc/news_view-273403.html.
上海炬钢机械果蔬气调保鲜包装[EB/OL]. 黄页大全.http：//www.cnlist.org/product-info/14914835.html.
上海蓝云水产科技发展有限公司[EB/OL].农机360网.http：//www.nongji360.com/company/shop2/product_314035_206527.shtml.
上海上料机[EB/OL]. 上海欣楠实业有限公司行业设备. http：//e.chengdu.cn/syxw/24554605.html.
上虞养殖场水冲粪污处理机上虞畜禽粪便处理利用设备[EB/OL].云商网济宁农业机械. http：//www.ynshangji.com/c3000000217226288.
深圳市渔友乐科技有限公司[EB/OL]. 慧聪360网. https：//b2b.hc360.com/supplyself/676725431.html.
深圳渔友乐的自动投料机怎么样？[EB/OL]. 深圳酷易搜. http：//www.kuyiso.com/xinxi/22339679.html.
什么是真正的自动真空包装机[EB/OL]. 中国食品机械设备网. http：//www.foodjx.com/tech_news/detail/174260.html.
生产黄桃罐头生产线的操作步骤说明[EB/OL].中国食品机械设备网. http：//www.foodjx.com/tech_news/detail/173545.html.
湿帘冷风机的构造[EB/OL]. 百贸湿帘冷风机生产厂家. http：//www.baimao.com/export/factory/8183800.html.
石家庄佳能热风炉有限公司. 养殖热风炉的的维护保养行业动态[EB/OL]. http：//www.sjzjnrfl.com/html/news/xingyedongtai/35.html.
食品烘干机为我国农业发展谋发展[EB/OL]. 中国农机网. http：//www.nongjx.com/st108050/Article_32193.html.
食品油罐装机安全操作规程[EB/OL]. 张家港市新冠科机械有限公司. http：//www.foodjx.com/st161895/Article_164464.html.
史上最全：渔机所徐皓研究团队图文详解水质调控机械[EB/OL]. 360个人图书馆. http：//www.360doc.com/content/16/1030/11/7924600_602494215.shtml.
使用风机水帘有什么特点[EB/OL]. 金辉农牧装备. http：//www.jinhuinmzb.com/news/162.html.
收奶设备和贮奶设备[EB/OL].中国养殖网. http：//www.chinabreed.com/machine/milk/2013/08/20130814600811.shtml.
水产养殖自动增氧投饲物联网监控系统[EB/OL].谷瀑环保. http：//www.goepe.com/apollo/prodetailborenjizhi-8306022.html.
水环真空泵常见故障系统分析[EB/OL]. 搜狐网. http：//www.sohu.com/a/108893623_411740.
水温控制设备[EB/OL]. 卡塞尔机械. http：//www.kassel-group.com/content/？158.html.
水循环温度控制机[EB/OL]. 奥德. http：//www.shaodejixie.com/content.php？id=29.
饲料粉碎机产量下降的原因分析与解决方法[EB/OL].中国养殖网. http：//www.chinabreed.com/machine/breed/2014/08/20140819637105.shtml.
饲料粉碎机故障排除方法[EB/OL].中国农机网. http：//www.nongjx.com/tech_news/detail/23846.html.
饲料粉碎机故障如何排除？[EB/OL].猪友之家养猪设备. http：//www.pig66.com/2016/yangzhushebei_0313/16405796.html.
饲料粉碎机日、周、月维护程序[EB/OL].中国养殖网. http：//www.chinabreed.com/machine/feed/2016/06/20160614702252.shtml.
饲料粉碎机饲料搅拌机[EB/OL]. 中国农机网. http：//www.nongjx.com/st26/Article_12227.html.
饲料供给设备有哪些？[EB/OL].猪场咨询猪场建设. http：//www.zhuwang.cc/show-31-356739-1.html.
饲料搅拌机使用和保养注意事项[EB/OL].中国农机网. http：//www.nongjx.com/st25406/Article_24794.html.
饲料膨化机型号大全[EB/OL]. 中国农机网. http：//www.nongjx.com/st104228/Article_31851.html.
饲料收获机主要种类有哪些？[EB/OL]. 中国农机网. http：//www.nongjx.com/tech_news/detail/2062.html.
苏大北区. 水产养殖增氧机综述[EB/OL]. 百度文库. https：//wenku.baidu.com/view/b60e39ba960590c69ec3762e.html.
酥饼机的使用与保养窍门[EB/OL]. 合肥三乐食品机械有限公司. http：//www.foodjx.com/tech_news/detail/174310.html.
孙国锋. 水泵常见故障分析及处理方法[EB/OL]. 百度文库. https：//wenku.baidu.com/view/e099e684c850ad02df804102.html.
提高潜水泵寿命的方法[EB/OL]. 百度文库. https：//wenku.baidu.com/view/f729b2c469dc5022abea0042.html.
桶式挤奶机的维护及常见故障排除[EB/OL]. 中国序幕机械网. http：//www.xumujx.com/Article/Disp.asp？id=273．

参考文献

头基础母猪自繁自养猪场的生产流程，猪场设计方案[EB/OL]. 搜狐网. http://www.sohu.com/a/143922244_712191.
屠宰击晕设备的使用及说明[EB/OL]. 中国养殖网. http://www.chinabreed.com/machine/breed/.shtml.
屠宰设备的安全操作与维护保养[EB/OL]. 中国养殖网. http://www.chinabreed.com/machine/breed/.shtml.
屠宰设备之家用脱毛机使用方法及注意事项[EB/OL]. 中国养殖网. http://www.chinabreed.com/machine/butcher/2014/08/20140801635610.shtml.
脱毛机有什么技术要求[EB/OL]. 西部种养殖网. http://www.xibuzyw.com/agricultural/show-404.aspx .
脱水干燥机的调试[EB/OL]. 常州市力发干燥工程有限公司. http://www.foodjx.com/st159691/Article_171053.html.
万能粉碎机堵塞的解决办法[EB/OL]. 江阴市祥达机械制造有限公司. http://www.foodjx.com/st105382/Article_172459.html.
网带式脱水蔬菜干燥机的安装步骤说明. 常州华丰干燥设备有限公司[EB/OL]. http://www.foodjx.com/st176374/Article_168781.html.
微波干燥杀菌机的操作注意事项[EB/OL]. 中国食品机械设备网. http://www.foodjx.com/st173192/Article_167113.html.
微波干燥设备在食品制造业的应用[EB/OL]. 中国食品机械设备网. http://www.foodjx.com/st173914/Article_174016.html.
微波杀菌设备的原理是什么[EB/OL]. 中国食品机械设备网. http://www.foodjx.com/st147675/Article_169520.html.
微孔曝气增氧管安装步骤[EB/OL]. 商友圈. https://club.1688.com/article/25821855.html.
微孔曝气增氧罗茨风机设备安装步骤及注意事项[EB/OL]. 搜狐科技. http://www.sohu.com/a/217198922_99978408.
微孔增氧机相对于传统增氧机的优势[EB/OL]. 搜狐科技. http://www.sohu.com/a/152070990_517303.
微孔增氧技术操作规程[EB/OL]. 百度文库. https://wenku.baidu.com/view/99c8291fa76e58fafab00334.html.
微雾加湿系统的原理、特点及应用[EB/OL]. 常州恒蓝空气净化设备有限公司. http://www.cdrb.com.cn/hyxw/2017/1124/21684765.html.
为什么要使用风干机[EB/OL]. 诸城市佳惠食品机械有限公司. http://www.foodjx.com/st143490/Article_165524.html.
为什么越来越多的企业选择环保空调[EB/OL]. 西伯力冷风机陕西运营中心新闻内容. http://www.lfj999.com/shownews.asp?id=224.
维盛德XYJ-200和XYJ-250型吸鱼泵[EB/OL]. 设备说明书. http://www.goepe.com/apollo/prodetailqingdaoweishengde-7218648.html.
潍坊市盛洪温控设备厂. 轴流通风机的使用注意事项[EB/OL]. 搜狐天正企划. http://news.b2b168.com/detail/c1-i13124749.html.
吴世海. 2007. 射流自吸式增氧机[J]. 农业机械学报（4）：88-92.
吸鱼泵[EB/OL]. 机器说明书. http://www.rchongyuan.com/exhview.asp?id=117 / 2018.5.18
现代化自动上料线新工艺、新设计[EB/OL]. 新闻中心行业资讯. http://www.kyxumu.com/hyzx/hyzx160.html.
现代养猪设备智能型种猪测定系统的主要优点[EB/OL]. 搜猪网猪场建设. http://www.soozhu.com/article/144106.
详解立式饲料混合机的组成及工作原理[EB/OL]. 中国养殖网. http://www.chinabreed.com/machine/breed/2016/06/20160607701446.shtml.
消杀工具：机动喷雾机[EB/OL]. 太原市小店区卫生防疫综合服务部消杀工具. http://www.tyaiwei.com/p_view.asp?num=29.
小型机动喷雾器的常见故障及排除办法[EB/OL]. 慧聪网故障分析. http://info.nongji.hc360.com/2006/10/17193475209.shtml.
小型挤奶器的常见故障[EB/OL]. 中国畜牧机械网. http://www.xumujx.com/Article/Disp.asp?id=257 .
小型饲料加工机组的特点及工作原理[EB/OL]. 中国养殖网. http://www.chinabreed.com/machine/breed/.shtml.
小型榨油机的特点[EB/OL]. 中国食品机械设备网. http://www.foodjx.com/st125441/Article_174083.html.
新风机维护保养说明[EB/OL]. 豆丁机械、仪表工业. http://www.docin.com/p-426252644.html.
邢台汉腾机械制造厂. 湖北风送式80米雾炮机耗水量少[EB/OL]. 信息首页机械. http://www.baike.com/xinxi/44645328.html.
徐炜. 微灌系统[EB/OL]. 百度文库. https://wenku.baidu.com/view/a8e3d64ecf84b9d529ea7a05.html.
选果机注意事项说明[EB/OL]. 石家庄市亿顺包装制品有限公司. http://www.foodjx.com/st429/Article_166745.html.
烟熏炉有什么功能[EB/OL]. 中国食品机械设备网. http://www.foodjx.com/st178028/Article_167280.html.
养鸡场如何布置供暖设备[EB/OL]. 新浪爱问. https://iask.sina.com.cn/b/6gJsPO8mKXv.html.
养鸡设备分类介绍[EB/OL]. 山东兴瑞达智能设备有限公司. http://www.sdtmyzsb.com/news/402.html.
养鸡场登记的选择使用和维护[EB/OL]. 中国农机网. http://www.nongjx.com/tech_news/detail/5229.html.
养殖畜牧风机如何进行安装调试？[EB/OL]. 金辉农牧装备. http://www.jinhuinmzb.com/news/163.html.

养猪常见的7个误区，你中了几条？[EB/OL].搜狐社会.http：//www.sohu.com/a/227421876_100037695.
养猪场的几种夏季降温措施[EB/OL].百度经验生活常识.https：//jingyan.baidu.com/article/bea41d4388b5c4b4c51be6b6.html.
养猪设备的选择[EB/OL].永丰养猪设备行业新闻.http：www.8332697.com/xingyexinwen/94.html.
叶轮式增氧机[EB/OL].慧聪360网.https：//b2b.hc360.com/supplyself/80505836122.html.
叶轮式增氧机的工作原理及优缺点[EB/OL].黔农网.http：//www.qnong.com.cn/zhidao/jixie/4583.html.
叶轮室结构对轴流泵性能影响的研究[EB/OL].百度文库.https：//www.baiyewang.com/g68749827.html.
液态料系统在国内的应用前景和挑战[EB/OL].论道三农.https：//baijiahao.baidu.com/s？id=1577115405119467854&wfr=spider&for.
液态饲喂比干料饲喂有优势，将成养猪业未来趋势[EB/OL].全球猪业网.http：www.52swine.com/fanyi/201405/71542.html.
液压泵的维护与保养[EB/OL].中国农机化导报.https：//www.baidu.com/linkurl=MGtl_kYbl5O7
音叉开关操作说明[EB/OL].中国农机网.http：//www.nongjx.com/st55005/Article_28253.html.
影响潜水泵烧坏的原因及解决方法[EB/OL].中国农机网.http：//www.nongjx.com/tech_news/detail/32764.html.
影响饲料粉碎机粉碎质量的主要部件有哪些[EB/OL].养猪资讯猪场建设.http：//www.zhuwang.cc/show-31-316043-1.html.
涌浪式曝气增氧机的安装与使用[EB/OL].浙江扬子江泵业.http：//www.camn.agri.gov.cn/html/2013_04_2013_07_23_24735.html.
用质检仪如何评价鱼肉品质[EB/OL].中国农机网.http：//www.nongjx.com/st112956/Article_34457.html.
油料调制塔[EB/OL].河南华泰粮油机械股份有限公司.http：//www.huatailiangji.com/youzhijixie/yuchuli/tiaozhita.html.
油炸锅的操作注意事项[EB/OL].中国食品机械设备网.http：//www.foodjx.com/st130745/Article_173230.html.
鱼豆腐切块机使用操作细节处理[EB/OL].中国食品机械设备网.http：//www.foodjx.com/tech_news/detail/174315.html.
鱼苗孵化桶[EB/OL].中国水产交易市场.https：//www.1688.com/chanpin-CBAEB2FAB7F5BBAFCDB0.html.
鱼塘虾塘投饵机[EB/OL].易龙商务网.http：//www.etlong.com/sell/show-2515170.html.
鱼塘增氧机[EB/OL].黔农网.http：//www.qnong.com.cn/baike/nongzi/6164.html.
云南省洱源县：池塘微孔增氧技术[EB/OL].中国农业推广网.http：//www.zgny.com.cn/ifm/tech/2011-10-19/129698.shtml.
仔猪保温的四种有效方法[EB/OL].猪仙子多乐百科.http：//www.fsduole.com/Article/zizhubaowendesizhong_1.html.
仔猪电热板产品特点及优势[EB/OL].沈阳暖佳电暖公司动态.http：//www.synjdz.com/news/company_news/77.html.
怎么给孵化机消毒[EB/OL].中国养殖网.http：//www.chinabreed.com/machine/breed/.shtml.
怎么解决夏季孵化机超温问题[EB/OL].中国养殖网.http：//www.chinabreed.com/machine/breed/.shtml.
怎么解决自动喂料机堵塞问题[EB/OL].中国养殖网.http：//www.chinabreed.com/machine/breed/.shtml.
怎么使用增氧机更省电更安全[EB/OL].南方渔网.http：//www.bbwfish.com/article.asp？artid=43649.
怎么选购乳头式饮水器[EB/OL].http：//www.chinabreed.com/machine/breed/.shtml.
怎样安装鸡用饮水器[EB/OL].养鸡网.http：//www.yangji.com/yangjizixun/show-24321.html.
怎样选购粉碎机[EB/OL].中国畜牧机械网.http：//www.xumujx.com/Article/Disp.asp？id=251.
怎样增加切菜机使用寿命[EB/OL].中国农机网.http：//www.nongjx.com/st74570/Article_33167.html.
增氧机的使用技术[EB/OL].百度文库.https：//wenku.baidu.com/view/3506a174daef5ef7bb0d3cd8.html.lsfea63.
增氧机的正确使用[EB/OL].商友圈.https：//club.1688.com/article/24816654.html.
增氧机工作原理[EB/OL].豆丁网.http：//www.docin.com/p-786751391.html.
铡草机常见故障的诊断及排除方法[EB/OL].中国农机网.http：//www.nongjx.com/tech_news/detail/23741.html.
铡草机的选购及故障排除[EB/OL].中国农机网.http：//www.nongjx.com/tech_news/detail/23835.html.
铡草机的选购与使用方法[EB/OL].中国农机网.http：//www.nongjx.com/tech_news/detail/7891.html.
铡草机的养护与注意事项[EB/OL].中国农机网.http：//www.nongjx.com/tech_news/detail/30671.html.
榨油机常见故障及排除方法[EB/OL].中国农机网.http：//www.nongjx.com/tech_news/detail/27718.html.
榨油机的工作原理[EB/OL].中国农机网.http：//www.nongjx.com/tech_news/detail/32001.html.
张绪坤,胡文伟,张进疆,等.2010.脱水蔬菜组合干燥技术[J].食品科技（6）：151-155.
张赢.果蔬专用锦锐气调保鲜袋[EB/OL].中国包装网.http：//baozhuang.huangye88.com/xinxi/28993143.html？from=m.
长沙中联泵业涌浪式曝气增氧机的安装与使用[EB/OL].爱问共享资料.http：//ishare.iask.sina.com.cn/f/2ZyKaWQ4sNR.html.
真空包装机的构造与组成[EB/OL].慧聪食品工业网.http：//info.food.hc360.com/2015/08/241615905794.shtml.

参考文献

真空包装机的真空泵及抽气系统常见故障[EB/OL]. http：//www.foodjx.com/tech_news/detail/174268.html.
真空包装机需要起源吗[EB/OL]. 中国食品机械设备网. http：//www.foodjx.com/tech_news/detail/174261.html.
真空包装机在调试过程中遇到的问题及解决办法[EB/OL]. 中国食品机械设备网. http：//www.foodjx.com/st75009/Article_166422.html.
真空和面机的操作使用说明[EB/OL]. 中国食品机械设备网. http：//www.foodjx.com/st114485/Article_172098.html.
真空耙式烘干机的安全操作方法[EB/OL]. 中国食品机械设备网. http：//www.foodjx.com/st153185/Article_164151.html.
真空吸鱼泵[EB/OL]. 诸城市泰和食品机械有限责任公司. http：//shipin.huangye88.com/xinxi/14105978.html.
真空油炸机的清洗步骤说明[EB/OL]. 中国食品机械设备网. http：//www.foodjx.com/st126483/Article_172047.html.
振动筛在大蒜中的应用[EB/OL]. 中国食品机械设备网. http：//www.foodjx.com/st170491/Article_168473.html.
振动式渔塘自动投饲机[EB/OL]. 中国化工仪器网. http：//www.chem17.com/offer_sale/detail/9049405.html.
正确安装风机水帘的步骤是什么那？[EB/OL].金辉农牧装备. http：//www.jinhuinmzb.com/news/44.html.
正确使用粉碎机六个步骤[EB/OL]. 中国农机网. http：//www.nongjx.com/st53/Article_10151.html.
郑可仁. 2017. 增氧机类型种类[EB/OL]. 爱问知识人. https：//iask.sina.com.cn/b/2mF0ERC5zz.html.
郑州市金水区其顺农养机械加工部[EB/OL]. 慧聪360网. https：//b2b.hc360.com/supplyself/513240910.html.
直冷式贮奶罐的保养方法[EB/OL].中国养殖网. http：//www.chinabreed.com/machine/milk/2011/11/20111128479416.shtml.
质检仪在果蔬中的应用[EB/OL]. 中国食品机械设备网.http：//www.nongjx.com/st112956/Article_34391.html.
智能型种猪测定系统的主要结构性能[EB/OL]. 养猪咨询猪场建设. http：//www.zhuwang.cc/show-31-92664-1.html.
智能型种猪测定系统的主要优点[EB/OL]. 八方资源网机械资讯网. http：//news.b2b168.com/detail/c1-i13007850.html.
中国建材网. 怎样校准溶解氧测定仪？[EB/OL].太原市衡天力科贸有限公司. http：//www.lei-ci.com/products_detail_yyly/&productId=64.html.
中国农业机械网. 小型中耕机使用注意事项[EB/OL].金农网农机百科. http：//nongji.jinnong.cn/n/2016/12/9/201612910473164673.shtml.
中国水产养殖场. 增氧机的搭配、配置、使用、保养方法介绍[EB/OL]. 水产前沿. https：//wenku.baidu.com/view/d2a9ec26a76e58fafab0038c.html.
中国水产养殖网. 叶轮式增氧机的安全使用和检修保养[EB/OL]. 中国水产养殖网. http：//www.shuichan.cc/article_view-36918.html.
钟民. 2015. 叶轮增氧机的使用及维护技术[J]. 农技服务，32（9）：140.
种猪场饮水器的正确安装方式[EB/OL]. 百度网. https：//baijiahao.baidu.com/s？id=1562233677171656&wfr=spider&for=pc.
轴流泵安装使用说明书[EB/OL]. 百度文库http：//jixie.qincai.net/product-195873.html.
轴流风机的四种安装方法介绍/轴流风机安装方法介绍[EB/OL]. 豆丁建筑资料库. http：//jz.docin.com/p-680388148.html.
珠海风光耕水环保技术有限公司[EB/OL]. 中国制造网. http：//cn.made-in-china.com/tupian/lzpjsj-hqvnrpnhhtyo.html.
诸城百丰环保科技有限公司[EB/OL]. 慧聪360网. https：//b2b.hc360.com/supplyself/521406923.html.
猪场常用的自动饮水器[EB/OL].工作总结范文网. http：//www.2401.net/xmsy/094e5ead7af4e8d40d15e575631b48fa.html.
猪场使用的干料自动输送喂给系统的主要结构[EB/OL]. 养猪网. http：//www.feedtrade.com.cn/machine/breed/2013-03-14/2002515.html.
猪场使用的干料自动输送喂给系统的主要结构[EB/OL]. 猪友之家网. http：//www.docin.com/p-188105348.html.
猪舍地板的表面状态对猪只健康有重要影响[EB/OL]. 养猪咨询. http：//www.zhuwang.cc/show-31-356596-1.html.
猪舍自动刮粪机的使用可保持养殖场的环境卫生[EB/OL]. 河南科牧华农牧机械有限公司.http：//e.chengdu.cn/syxw/23465137.html.
猪仔电热板的重要功能介绍[EB/OL]. 新乡市恒利养殖设备行业设备. http：//www.whnews.cn/dszx/21332887.html.
煮面炉的操作方法及维护保养说明[EB/OL]. 中国食品机械设备网..http：//www.foodjx.com/tech_news/detail/174099.html.
祝钧，苏醒，张晓娟. 2008. 纳米包装材料在果蔬保鲜中的应用[J]. 食品科学，29（12）：766-768.
自动刮粪机[EB/OL]. 新乡市肥硕源环保设备有限公司网站首页. http：//www.fsy666.com.
自动刮粪机设备的安装及维护[EB/OL]. 新乡市宇成畜牧机械设备科技有限公司机械. http：//e.chengdu.cn/syxw/20272952.html.
自动投饵机厂家[EB/OL].苏州双耀新材料有限公司.http：//www.zk71.com/touerji_8050/products/touerji_8050_63378879.html.
自动喂料机的维修保护[EB/OL]. 中国养殖网. http：//www.chinabreed.com/machine/breed/.shtml.
自动喂料机吸不上料怎么办[EB/OL]. 中国养殖网. http：//www.chinabreed.com/machine/breed/2014/10/20141017643408.shtml.
自吸泵选购知识分享[EB/OL] . 中国农机网. http：//www.nongjx.com/st107974/Article_33115.html.

自走式联合收割机的操作需注意些什么？[EB/OL]. 中国农机网. http：//www. nongji1688. com/news/201705/23/5514443. html.

综合厩液施用机的知识信息 [EB/OL]. 新浪博客. http：//blog.sina.com.cn/s/blog_7424d0b601013r78.html.

粽子蒸煮锅的操作注意事项说明[EB/OL]. 中国食品机械设备网. http：//www.foodjx.com/tech_news/detail/167372.html.